EN LOS PASOS DE ZELEDÓN

EN LOS PASOS DE ZELEDÓN

Historia de la ornitología nacional
y
la Asociación Ornitológica de Costa Rica

Roy H. May

Asociación Ornitológica de Costa Rica

Información de publicación
May, Roy H.
En los pasos de Zeledón: Historia de la ornitología nacional y la Asociación Ornitológica de Costa Rica, 2da edición
Incluye fotografías y referencias bibliográficas
ISBN 13: 978-1537001388
ISBN 10: 1537001388
1. Ornitología   2. Historia   3. Costa Rica

Copyright © 2016 Roy H. May
Copyright © 2016 Asociación Ornitológica de Costa Rica

All rights reserved.

ISBN-10: 1537001388
ISBN-13: 978-1537001388

Diagramación: Janet W. May

Arte de la portada: *Aramides cajaneus* (Fotografía Helen Vega)

Contenido

AGRADECIMIENTOS ix
PRESENTACIÓN DE LA SEGUNDA EDICIÓN xi
INTRODUCCIÓN 1

Capítulo I
LA AOCR Y EL ESTUDIO DE LAS AVES 5
  Fundación de la AOCR 5
  Periodización de la ornitología en Costa Rica 5
  Origen evolutivo de la avifauna de Costa Rica 6
  Conocimiento ornitológico de los pueblos precolombinos 9
  Ornitología en el siglo XIX y la primera mitad del siglo XX .. 11

Capítulo II
EL COMIENZO Y EL ESTABLECIMIENTO DE LA ORNITOLOGÍA NACIONAL 17
  Período primero: 1854-1880 17
    Karl Hoffmann, Alexander von Frantzius y Julián
      Carmiol 17
    Contribuciones de otros ornitólogos 20
    Final del siglo XIX 24
    Isla del Coco 24
  Período segundo: finales del siglo XIX—1940 27
    José Cástulo Zeledón y Robert Ridgway 27
    Anastasio Alfaro 38
    El Museo Nacional de Costa Rica y el desarrollo de la
      ornitología 41
    Personal idóneo 43
      Juan José Cooper 44
      George Kruck Cherrie 44

   Cecil F. Underwood 47
   Abandono y renovación 48
   Otros personajes significativos para la ornitología nacional . 49
    Melbourne Carriker Jr. 49
    Austin Paul Smith 51
  Colecciones de aves de Costa Rica 53
   Colecciones en Costa Rica 55
  Descripciones científicas de holotipos 56
  Colecciones como patrimonio 57
  Empezando con la conservación y protección de las aves 57

Capítulo III
HACIA UNA NUEVA ORNITOLOGÍA COSTARRICENSE 61
  Período tercero: 1940-1990 61
   Alexander F. Skutch 61
   Paul Slud 64
   F. Gary Stiles 66
  Hacia una ornitología costarricense 69
  Período cuarto: 1990s 71
   Primera generación de ornitólogos costarricenses 71
   Nuevos esfuerzos nacionales 72
   Herencia colonial y la ornitología nacional 73
  Período actual: 2000-2010 75
   Nuevas propuestas ornitológicas 75
   Otros compromisos y proyectos 81
   Conteos y publicaciones 82

Capítulo IV
LA ASOCIACIÓN ORNITOLÓGICA DE COSTA RICA 87
  Consejo Internacional para la Preservación de las Aves (CIPA) 87
  Primer Congreso de Ornitología 88
  Primera década 91
   La reunión de la American Birding Association y la
    Association of Field Ornithologists 91
   Pasos hacia la consolidación institucional 100
  Cambio de etapa 102
  Episodio de las AICAs 104
  Transición y reconstitución 108
  Etapa actual 108

Aportes significativos 109

Conclusión
UN NUEVO DÍA PAJARERO 117

Apendices 121

Notas 137

AGRADECIMIENTOS

Agradezco a las personas que me concedieron conversaciones muy amenas sobre su experiencia en la ornitología y, especialmente en la AOCR, a María Emilia Chaves, Carmen Hidalgo, Julio Sánchez, Ghisselle Alvarado, Johnny Villarreal, Francisco Durán, Gilbert Barrantes y James Zook. Vía correo electrónico, Gary Stiles amablemente compartió algunos detalles sobre su tiempo en Costa Rica. Jaime García me proveyó información importante sobre José Zeledón, Gary Stiles y Alexander Skutch. Muy especialmente reconozco la ayuda que me brindaron las bibliotecarias del MNCR: Margot Campos y Adelina Jara. Además, gracias a Inés Vargas, del Departamento de Protección del Patrimonio Cultural del MNCR, que se esforzó para encontrar y permitirme ver documentos originales respecto a la ornitología en el MNCR, José Zeledón y Robert Ridgway, entre otros; además proveyó archivos electrónicos de fotos y documentos que enriquecen esta historia. Agradezco a Rafael Sobral Marcondes del Museo de Zoología de la Universidad de Sao Paulo, Brasil, por clarificar la referencia bibliográfica de un artículo de José Zeledón. También el Comité Científico de la AOCR, en varias ocasiones, respondió a mis preguntas. Gerardo Obando, Michel Montoya y Francisco Durán, como también Rose Marie Menacho, muy amablemente leyeron un borrador y me hicieron sugerencias valiosas. Finalmente, agradezco a Otto Minera por la revisión del texto y por las traducciones del inglés al español. Por supuesto, en todo, soy yo el único responsable de los errores que se hayan podido escapar.

Para esta **segunda edición**, agradezco a María Emilia Chaves, Carmen Hidalgo y Mauricio Quesada por haber compartido sus recuerdos sobre algunos aspectos específicos de la historia de la AOCR, en especial la reunión de la American Birding Association y la Association of Field Ornithologists de 1997 y la revista *Zeledonia*. Mario Boza me orientó sobre la historia de la jurisprudencia conservacionista ornitológica. Silvia Bolaños y Ghisselle Alvarado, a insistencia mía, revisaron la colección de aves del MNCR para confirmar algunos holotipos custodiados sin saberlo.

Gilbert Barrantes me proveyó datos sobre el Museo de Zoología de la UCR. Agradezco a Otto Minera la revisión del texto. Como en el caso de la primera edición, para esta segunda agradezco a Janet W. May por haber preparado el texto para su publicación.

PRESENTACIÓN DE LA SEGUNDA EDICIÓN

Esta segunda edición me da la oportunidad de corregir algún error e incorporar nuevo material. Así que el texto ha sido revisado, corregido y aumentado. Aunque las adiciones no son numerosas ni largas, creo que aportan significativamente al valor del texto. Incluyen un apartado dedicado a la paleo-ornitología de Costa Rica; destacan el notable aumento de las propuestas ornitológicas al entrar los años 2000; relatan la historia de la reunión de la American Birding Association y la Association of Field Ornithologists que la AOCR organizaba en 1997; amplían los esfuerzos conservacionistas; presentan de manera fresca el desarrollo de las colecciones de aves de Costa Rica. Además, en todo el texto he incorporado fechas, nombres y otros datos e información que amplíen la discusión. Asimismo, algún material ha sido reubicado para mayor coherencia narrativa. Por otra parte, para esta edición pude consultar dos importantes obras que fueron publicadas luego de la primera edición; a saber, la de Luko Hilje, *Trópico agreste, La huella de los naturalistas alemanes en la Costa Rica del siglo XIX* (Editorial Tecnológica de Costa Rica, 2013) y la de Mario Boza, *Historia de la conservación de la naturaleza en Costa Rica 1754-2012* (Editorial Tecnológica de Costa Rica, 2015). Son formidables contribuciones a la historia de las ciencias naturales y la conservación en el país. Durante los últimos años, es palpable un gran aumento en el interés por las aves. No obstante, esto es historia presente, todavía en desarrollo, así que decidí no actualizar el texto tratando de tomar en cuenta esta nueva etapa. El final de la primera década del 2000 sigue siendo el punto final de esta obra. Espero que más adelante otra persona pueda retomar la historia de la ornitología en Costa Rica e incluya los desarrollos de los últimos años. Pero lo importante es que la ornitología sigue desenvolviéndose y ganando importancia en la ciencia y en la conservación de las aves del país.

INTRODUCCIÓN

Esta investigación relata la historia de la Asociación Ornitológica de Costa Rica (AOCR). Se enmarca en el contexto del vigésimo aniversario de la AOCR y del décimo aniversario del convenio de cooperación entre la AOCR y el Museo Nacional de Costa Rica (MNCR). Pero a la vez, traza la historia de la ornitología en el país porque la AOCR es parte integral y producto de esa historia. La AOCR es la primera y hasta ahora la más grande, organización ornitológica del país, que sirvió en su comienzo como centro de referencia para los ornitólogos, guías para la observación de aves y observadores aficionados. Hasta ahora, este es el mismo público que atiende la AOCR y que hoy alcanza, en formas diferentes, a más de mil personas y grupos. Por sus características científicas, educativas y conservacionistas, y por su apertura a todo público interesado en las aves, fue declarada por el gobierno de Costa Rica de "utilidad pública" en 2000. Desde su fundación en 1993, la AOCR ha mantenido una estrecha relación con el Departamento de Historia Natural del MNCR. Incluso el MNCR es, según los estatutos de la AOCR, la sede legal de la Asociación y si desaparece la AOCR, todo su patrimonio va al Museo. Esto basa su lógica en que funcionarios del MNCR fueron muy activos en la fundación de la AOCR. Luego, en 2004, se formalizó la relación mediante el convenio de cooperación entre los dos. Sin duda la relación es mutuamente beneficiosa. La AOCR puede contar con apoyo logístico mientras que el Departamento de Historia Natural cuenta, por ejemplo, con las evidencias de especies de aves que la AOCR incorpora a la *Lista Oficial de las Aves de Costa Rica*, que actualiza anualmente. Al mismo tiempo, promociona públicamente el Museo mediante la publicidad que recibe por medio de la Asociación. Además, se presentan cada vez más oportunidades de investigación conjunta. También, como verá, independiente de la AOCR, el MNCR, desde su inicio, ha tenido un papel importante en el desarrollo de la ornitología en Costa Rica, papel que se explica en este trabajo.

Costa Rica es país de renombre en el mundo de los observadores de aves y de la ornitología. Sus casi 1000 especies de aves han traído desde el siglo XIX a naturalistas, ornitólogos y avituristas, entre ellos a algunos de los más conocidos ornitólogos. No pocos de los estudios más importantes ornitológicos del neotrópico fueron producidos aquí. Costa Rica ha sido, y es aún, un centro para el estudio de la ornitología neotropical pues, cada año llegan al país cantidades de investigadores y estudiantes con el objeto de estudiar nuestra avifauna. No obstante, hasta ahora la única historia algo completa de la ornitología nacional es la de Carriker de 1910.[1] En este sentido, Montoya completa en mucho la historia con su reseña histórica de la ornitología de la Isla del Coco[2] y Obando hace una importante contribución a la historia de la ornitología con su cronología de las listas de la avifauna nacional.[3] De todas maneras, con la excepción de Montoya y Obando, y unos párrafos dispersos, no se ha producido nada desde Carriker. En cuanto a la Asociación Ornitológica de Costa Rica (AOCR), a pesar de su importancia para la ornitología nacional, no tiene ninguna historia escrita.

Con respecto a la historia de las ciencias en Costa Rica, tampoco hay mucho.[4] La reseña clásica y fundamental de la historia de la biología en Costa Rica es la de Rafael Lucas Rodríguez.[5] Otra es de Luis Diego Gómez y J.M. Savage.[6] Más reciente es el bosquejo del "desarrollo sostenible en Costa Rica y su historia" de Méndez Estrada y Monge-Nájera.[7] Entre las disciplinas biológicas específicas, la botánica es la más investigada, pues existen varios artículos en relación con ella.[8] También la mastozoología[9] y la herpetología[10] tienen breves historias escritas (aunque la de la herpetología está en inglés). Luko Hilje se ha dedicado a recuperar la historia de los naturalistas alemanes que emigraron al país en el siglo XIX, Hoffmann, von Frantzius y Carmiol.[11] Cierto número de artículos se refieren al ornitólogo Skutch, incluyendo una breve biografía.[12] Reseñas de la vida de Anastasio Alfaro y Henri Pittier, además de la de dos taxidermistas del Museo Nacional de Costa Rica, todos personajes importantes para la historia de la biología en Costa Rica, también están disponibles,[13] como reseñas biográficas breves de éstos y otros en varias publicaciones que han aparecido con el paso de los años. Más existen breves historias de la Escuela de Biología de la Universidad de Costa Rica y el Instituto Clodomiro Picado.[14] No obstante, no tenemos una historia de la ornitología. El propósito de esta monografía es llenar ese vacío de estudios históricos en el campo de la biología en general y de la ornitología específicamente.

Se divide en cuatro capítulos. El primero introduce brevemente la fundación de la AOCR y luego presenta aspectos del trasfondo histórico de la ornitología y el estudio de las aves en Costa Rica. El segundo reseña el comienzo y el establecimiento de la ornitología en el país. Seguidamente el capítulo tercero desarrolla el período desde 1940 hasta hoy. El último capítulo se dedica a la AOCR. En todo, es una sola historia.

En mucho, la historia de la ornitología costarricense es el relato de personas, más que de instituciones. Por esta razón, este trabajo, organizado según etapas cronológicas, privilegia personas. Las fuentes son diversas. La documentación sobre el Museo Nacional de Costa Rica en sus primeros años se conserva actualmente. Varias de las personas importantes en esta historia escribieron artículos. En algunos casos, hay breves investigaciones recientes sobre la vida y trabajo de personas destacadas. De todas maneras, las fuentes secundarias no son numerosas como tampoco las primarias. En cuanto a la AOCR, he podido aprovechar el archivo de la Asociación misma, además de utilizar historias orales. Para esta parte, y a fin de ser transparente, debo indicar que soy "observador-participante". He sido miembro de la AOCR durante 15 años, y miembro de la junta directiva y finalmente presidente durante más de la mitad del tiempo de mi membresía. Es decir, soy parte de algunos de los sucesos que se relatan aquí. Sin duda esto afecta mi manera de verlos, pero creo que todo está sustentado, no en mis percepciones personales, sino en la respectiva documentación. Espero que esta reseña histórica estimule interés en la historia de las aves de Costa Rica y, en alguna manera, aporte al conocimiento y la conservación de la rica avifauna del país.

Capítulo I
LA AOCR Y EL ESTUDIO DE LAS AVES

Fundación de la AOCR

Unos 25 ornitólogos y aficionados a las aves se reunieron el 29 de julio de 1993, en una sala de la Universidad Nacional en Heredia, para formar la Asociación Ornitológica de Costa Rica (AOCR). La asamblea inaugural estableció los estatutos y eligió a Julio Sánchez como presidente y reconoció a Alexander Skutch como "presidente honorario". El grupo era ecléctico, pero todos estaban unidos por su deseo de observar, estudiar y proteger las aves silvestres del país y profundamente, atrás de ellos, se hacía sentir la figura de don Alexander, con quien, en alguna manera, querían relacionar la nueva organización.[15] Además se la identificó con el fundador de la ornitología en Costa Rica, cuando esta primera asamblea determinó --"como una muestra de admiración al ilustre José Cástulo Zeledón"-- que el logotipo de la nueva asociación sería la zeledonia (*Zeledonia coronata*),[16] el mismo del Primer Congreso de Ornitología. En este sentido, la flamante organización se comprometió a estudiar las aves y a contribuir para su conservación, a influir en las políticas públicas y privadas referentes a la avifauna y a promover la investigación científica.[17] Aunque no sin dificultades, hasta ahora la AOCR sigue persiguiendo el cumplimiento pleno de este compromiso y, en todo sentido, forma parte integral de la historia de la ornitología costarricense. No vamos a regresar a la AOCR sino hasta el último capítulo porque primero debemos repasar la historia de la ornitología en el país. La fundación de la AOCR fue el producto de esta historia, que comenzó muchos años antes y que se manifiesta mediante períodos distintos.

Periodización de la ornitología en Costa Rica

El estudio científico de la avifauna costarricense comenzó a mediados del siglo XIX "cuando—explica Carmen Hidalgo-- un grupo visionario de estudiosos nacionales y extranjeros se aventuró en nuestras inexploradas montañas y llanuras para desentrañar los secretos de la naturaleza, iniciando de esta manera el conocimiento de la avifauna costarricense".[18] No obstante, luego de este período, según nota Hidalgo, "siguió un oscuro y prolongado período donde la ausencia de ornitólogos nacionales fue su característica".[19] En verdad, este período no terminaría sino hasta los 1980s y 1990s cuando el país produce sus primeros ornitólogos desde José Zeledón.

Después de la primera etapa dominada por europeos, Gilbert Barrantes divide la historia de la ornitología de Costa Rica en tres períodos: el primero desde finales del siglo XIX, alrededor del ornitólogo nacional José Cástulo Zeledón y los estadounidenses Melbourne Carriker Jr. (1910) y Austin Paul Smith (1920-1930s), dura hasta 1940; el segundo sigue hasta los 1990s y está liderado por figuras de renombre ornitológico como Alexander Skutch, Paul Slud y Gary Stiles; el tercero es el período actual y, a diferencia de las etapas anteriores, está dominado por los pocos ornitólogos costarricenses.[20] No obstante, este período ya terminó y estamos entrando en una nueva etapa en la que los ornitólogos nacionales son la norma y cada vez más numerosos.

Origen evolutivo de la avifauna de Costa Rica

La gran diversidad de la avifauna, con especies características tanto de Norteamérica como de Sudamérica, ha estimulado a algunos ornitólogos a investigar la paleo-ornitología y el origen evolutivo de la avifauna de Costa Rica. Aunque los estudios no son voluminosos, existe consenso básico entre ellos. En 1869, Alexander von Frantzius, que realizó los primeros estudios ornitológicos del país, propuso que la diversidad de especies fue consecuencia de la modificación de las especies que llegaron antes del Mioceno y ésta se debió al aislamiento geográfico de sus diversos orígenes, como se observaba en las Antillas. Reconocía una confluencia de especies típicas de Sudamérica y de América Central.[21] Paul Slud, que estudiaba las aves de Costa Rica entre los 1950s y 1970s, hizo las primeras observaciones modernas acerca del origen de la avifauna costarricense, pero no fue sino hasta la década de 1980, ya con conocimientos generales sobre el origen geológico del país,[22] que Gary Stiles, forjador de la etapa actual de la ornitología en Costa Rica, hizo las primeras hipótesis.[23]

Este territorio geográfico es de origen relativamente reciente. Emergió del mar como consecuencia de una serie de levantamientos telúricos que sucedieron entre lo que hoy es Nicaragua y Panamá, durante el Paleógeno y Neógeno (anteriormente conocido como el Terciario); es decir, entre aproximadamente hace 65 y 2 millones de años.[24] Estos movimientos, mayormente de origen volcánico, crearon un archipiélago de islas pequeñas de diferentes edades, que finalmente se unieron entre sí. Las primeras datan del Cretácico, y son fruto de grandes presiones telúricas que empujan hacia la unión de las islas, que ocurre durante el Mioceno, y termina definitivamente en el Plioceno cuando (hasta recientemente se supuso) Panamá finalmente se conectó con Sudamérica y Mesoamérica.

Este sistema geológico de islas aisladas una de la otra durante largos períodos provocó un proceso fecundo de especiación. Cada una de estas islas, explica Stiles: "Fue ocupada por una avifauna con representantes de familias de amplia distribución, que han demostrado su habilidad para colonizar islas remotas … . Sus costas eran frecuentadas por aves oceánicas, que podían pasar libremente entre el Atlántico y el Pacífico a través de brechas en el archipiélago…"[25]. Finalmente, el "puente terrenal" entre Sudamérica y Mesoamérica hasta Norteamérica, significaba, continúa Stiles: "El cierre de las últimas barreras acuáticas" y, por tanto, Norte y Sur "pronto intercambiaron sus seres vivos en gran escala. Costa Rica y Panamá se vieron particularmente enriquecidas con la contribución de las avifaunas muy diferentes de los dos continentes".[26] No obstante, explica Stiles: "El surgimiento de los Andes (también bastante reciente en términos geológicos) restringió enormemente el intercambio de especies entre Centroamérica y la Amazonía".[27] Así que "la avifauna de Costa Rica muestra una afinidad particularmente estrecha con la del noroeste de Colombia y con la de la vertiente Pacífico de Suramérica hasta el Ecuador", concluye Stiles.[28]

El norte y noroeste de Costa Rica también recibieron mucha influencia de Norteamérica. "La avifauna de la zona árida del noroeste de Costa Rica—dice Stiles—está compuesta en gran parte por especies que se adentran bastante en México y muy seguramente alcanzaron Costa Rica desde el norte después de que su territorio se uniera a lo que es actualmente Nicaragua". [29] Asimismo, el clima más frío a causa de las glaciaciones del Pleistoceno facilitó la inmigración de aves de zonas frígidas hacia el sur y "probablemente también permitió que un número de aves con afinidades andinas cruzaran las bajuras de Panamá central y se establecieran en las montañas del oeste de Panamá y Costa Rica".[30] Éstas no se quedaron sin cambio, sino "evolucionaron a nuevas especies". Esto explica el rico endemismo de las tierras altas de Talamanca y Chiriquí.[31]

Gilbert Barrantes, ornitólogo de la Universidad de Costa Rica, retoma la hipótesis de Stiles para explicar el origen evolutivo de la avifauna de Costa Rica y del oeste de Panamá, en especial la de las tierras altas.[32] Destaca los movimientos geológicos de las diferentes épocas y las fluctuaciones climáticas que constantemente fragmentaron tipos de vegetación y, por tanto, de hábitat. Las "islas" boscosas y geográficas que resultaron (especialmente en las cordilleras) provocaron la división de poblaciones de especies que, a su vez, favorecía la evolución de nuevas especies.

Aprovechando la información filogenética, que permite inferir el origen y las rutas de desplazamiento de linajes de la avifauna, Barrantes propone tres grandes desplazamientos que fundaron la composición de la avifauna de Costa Rica y el oeste de Panamá: (1) al final del Plioceno y el inicio del Pleistoceno; (2) en medio del Pleistoceno; y (3) al final del Pleistoceno. Notablemente, de la avifauna de las tierras altas, "las especies muestran afinidades con por lo menos tres regiones geográficas diferentes, incluyendo las que están emparentadas íntimamente con linajes sudamericanos, las con derivación claramente Neártica, y las que posiblemente se originan de un ancestro de las bajuras de América Central".[33] La evidencia filogenética demuestra que "aproximadamente 50% estaban presentes en el Sur y 50% en Norte América, previo a la formación del istmo de Costa Rica-Panamá".[34]

No obstante, el registro de fósiles es casi inexistente. No fue sino hasta 2013 que se describieron los primeros de aves, descubiertos en territorio costarricense. Los paleontólogos Ana Valerio y César Laurito, del Museo Nacional de Costa Rica (MNCR) y del Instituto Nacional de Aprendizaje (INA), encontraron fragmentos de huesos de dos aves marinas antiguas, un Pelicanidae y un Pelagornithidae, procedentes del Mioceno Superior, en un yacimiento de fósiles cerca de San Vito en Coto Brus. Estos hallazgos estaban asociados a sedimentos marinos someros y concuerdan con fósiles de vertebrados marinos, como cetáceos, tiburones y rayas, según el reporte de los paleontólogos.[35] El ambiente geológico de su descubrimiento--sedimentos marinos asociados con otros animales pertinentes-- sugiere un paleoambiente "de un humedal tropical del tipo estuario costero".[36]

En cuanto al Pelecanidae, el fósil consiste de un fragmento del fémur derecho. Esta ave, con representantes actuales, tenía una amplia distribución geográfica, pues se han encontrado sus fósiles en Francia y Pakistan y a partir del Mioceno Superior "se vuelve cada vez más común y cosmopolita".[37] En el Plioceno se encuentra en Florida, y en México hacia del final del Pleistoceno. Por otra parte, fósiles de esta familia son raros en Sudamérica y "no existe ningún registro fósil de la familia Pelecanidae o del género Pelecanus para el Caribe a excepción del presente hallazgo".[38]

El fósil del Pelagornithidae es un pedazo de un ala izquierda y perteneció a un individuo "notablemente grande"[39], pues estas aves fueron gigantes con envergaduras de entre cinco y seis metros. Además de su gran tamaño, "su característica más notable [fue] poseer grandes picos portadores de proyecciones óseas puntiagudas que semejaban dientes" y sus huesos "eran excesivamente delgados".[40] Se han encontrado fósiles de esta ave en todos los continentes excepto Australia. Desde el Plioceno está extinta y no tiene representantes actuales

En fin, el registro de fósiles no ilumina mucho la evolución de la avifauna de Costa Rica. Más bien, como indica Barrantes, cada vez más son los estudios filogenéticos los que están iluminando el origen evolutivo de las aves de Costa Rica. Este tipo de investigación, que está cobrando fuerza en otros países y en el nuestro, dará nuevas perspectivas sobre el lugar y tiempo del origen, y el cómo de la diversificación geográfica y la división en nuevas especies de la avifauna del país.

Conocimiento ornitológico de los pueblos precolombinos

Aunque los primeros estudios ornitológicos *científicos* en Costa Rica comenzaron en el siglo XIX, conducidos por naturalistas y ornitólogos como Hoffmann, von Frantzius y Zeledón, entre otros, el estudio y la comprensión de la avifauna datan de milenios anteriores.

Los pueblos precolombinos observaron y estudiaron agudamente las aves, pues éstas fueron parte integrante de la cosmovisión precolombina. Según la arqueóloga Patricia Fernández:

Los estudios que se han realizado hasta el momento han demostrado, sin duda alguna, que las aves tuvieron una función importante en el sistema de pensamiento, creencias y prácticas cotidianas de las poblaciones antiguas; también se ha hecho evidente que de la fauna representada en los objetos arqueológicos, las aves predominan numéricamente con respecto a otro tipo de animales.[41]

Los objetos arqueológicos indican que los pueblos precolombinos de Costa Rica comprendían y representaban determinadas familias y especies, y así demostraron su capacidad para clasificar las aves según morfología, comportamiento y distribución geográfica.[42] No podemos saber los nombres que los antiguos asignaban a las especies, pero es probable que el nombre reflejara comportamiento u otra característica. Entre los bribris de hoy, "los nombres de las aves indican aspectos de la conducta avícola".[43] Identificaban el comportamiento de ciertas especies y lo asociaban con poderes y conductas sociales humanos, con roles sociales de género, además de ligarlo con el cambio de estaciones. Es evidente que observaron las masivas migraciones de rapaces, fenómeno que representaban mediante alas desplegadas. "El motivo de alas desplegadas aparece en el registro arqueológico de Costa Rica desde épocas cercanas al año 400 d.C., en sitios ubicados en las Llanuras del Norte y del Caribe…", precisamente las zonas donde se manifiestan notablemente las migraciones.[44] Además, es probable que una danza de movimiento circular de los bribris, esté inspirada en el vuelo circular característico de las rapaces migratorias dando vueltas en los termales sobre la costa caribeña. Zopilotes, especialmente el zopilote rey (*Sacoramphus papa*), figuraban prominentemente en su cosmovisión, asociados especialmente con ofrendas y rituales funerarios. Eran vistos como intermediarios entre tierra y cielo, portadores de almas de los muertos. No obstante, Fernández explica, "el zopilote no solo se relaciona con la muerte sino que, también, cumple otras funciones; así, por ejemplo, una versión talamanqueña asociada con el zopilote, tiene que ver con el héroe cultural llamada **Sibö** que transformado en zopilote con collar [zopilote rey], les enseñó a los hombres cómo danzar".[45]

El águila arpía (*Harpia harpyja*) y otros rapaces como gavilanes y búhos o lechuzas, simbolizaban poder y capacidades agudas para defenderse o derrotar a otro. Estos están frecuentemente representados por colgantes de oro. También representaban loros y lapas en formas diferentes. Diversas especies de aves fueron modelos para las ocarinas. El tucán es común representación en barro y oro. Además, se utilizaron plumas de tipos y colores diferentes para figurar diversas funciones, como indicar status social o, especialmente, en ceremonias de curación; y esto no solamente en tiempos precolombinos sino contemporáneos. Aves pequeñas como la tangara y el trogón, y grandes como lapas y águilas, eran importantes por sus plumas. La selección de las plumas no era al azar, sino que tenía que ver con tipo y color, además de la especie de ave. Hasta hoy el conocimiento entre los pueblos originarios bribri y cabécar sobre morfología, comportamiento, vocalización y anidación y reproducción de la avifauna, es considerable.[46] Aunque esta cita se refiere a los bribri de hoy, es pertinente decir lo mismo en cuanto a los pueblos antiguos:

> [La] información en cuanto a las aves se comprende en varios niveles: observando su conducta y conociendo cuáles son los patrones normales; estando conscientes de los cambios en las minuciosas variaciones de conducta y trinos, o bien observando sus interacciones con otras especies, tales como monos, peces e insectos.[47]

Tanto para los pueblos precolombinos como para los pueblos originarios actuales, las aves cumplían y cumplen funciones importantes como: mensajeros, modelos a seguir, portadores de poderes, asistentes en la curación, el alimento y la diversión. Este conocimiento fue posible solamente mediante la observación cuidadosa y constante de la avifauna. A diferencia de los ornitólogos científicos, los pueblos precolombinos se interesaban por las aves en términos de sus relaciones, tanto con los humanos como con la naturaleza. Es evidente que los pueblos costarricenses precolombinos—como los de hoy-- guardaban una reserva de información ornitológica muy extensa. No obstante, en su mayor parte este conocimiento se ha perdido, menospreciado e ignorado o rechazado.

La ornitología en el siglo XIX y la primera mitad del siglo XX

Los primeros naturalistas interesados en las aves en Costa Rica que llegaron de Europa y Estados Unidos entre mediados del siglo XIX y hasta la primera mitad del siglo XX, se dedicaron más que todo a recolectar especímenes para colocarlos en museos y colecciones privadas del exterior y luego, cuando fue fundado, en el Museo Nacional de Costa Rica (MNCR).

Aunque tiene raíces históricas muy largas, en verdad la ornitología no estimuló interés serio y científico en Europa y Estados Unidos—mucho menos en Costa Rica—sino hasta la mitad del siglo XIX. Entonces su enfoque fue casi exclusivamente en taxonomía y sistemática, es decir, la descripción, identificación y clasificación de las especies.[48] Pero, para este trabajo necesitaban pájaros disecados y en grandes cantidades. Además, el interés en la historia natural en general, generado por la expansión imperialista europea[49] que descubrió muchas formas de vida extrañas para ojos europeos, se extendió ampliamente entre las clases sociales acomodadas. Fue de mucho prestigio poseer una colección personal de las extrañas formas de vida de las colonias y otros lugares lejanos. En Estados Unidos la expansión hacia al oeste generó mucho interés en la fauna diferente que se descubrió y estimuló los deseos de los coleccionistas. Estas colecciones frecuentemente eran muy grandes. En Estados Unidos, por ejemplo, el zoólogo y coleccionista Outram Bangs, tuvo una colección de más de 24.000 especímenes de aves. En 1908, la donó a la Universidad de Harvard.[50] El ornitólogo, taxidermista y recolector George Cherrie, que trabajó para el Museo Nacional de Costa Rica entre 1889 y 1894, afirmó que recolectó para diversos museos más de cien mil especímenes de mamíferos, pájaros y reptiles durante su larga carrera como naturalista.[51] En todo caso, tanto los museos como los coleccionistas privados pagaban excelentes precios por aves disecadas y otros especímenes. Un recolector

Anastasio Alfaro recolectando huevos de Aratinga canicularis *(perico frentinaranja) del nido de termites durante la expedición de Ridgway 1904-1905. Fuente: The Condor VII/6 (nov-dic 1905). Foto de Robert Ridgway.*

podía pensar en un ingreso sólido cazando aves y otros animales, además de recoger plantas, para su venta en los Estados Unidos y Europa.[52]

La ornitología fue, en mucho sentido, como dice Scott Weidensaul, "ornitología de escopeta".[53] Los viajes de ornitólogos en búsqueda de aves fueron expediciones de cacería y mataron miles de aves para sus colecciones. La escopeta fue el principal instrumento de trabajo.[54] No fue sino hasta 1854 que se inventaron los binóculos modernos y fue hasta 1894 cuando se produjeron binóculos con ópticas finas. En 1889, la reconocida ornitóloga estadounidense Florence Merriam (de Bailey), propuso la observación de aves con gemelos de teatro, pero éstos no resultaron adecuados. Sin embargo, para el final de la década de 1920, los observadores ya estaban utilizando gemelos de ópera o binoculares y registraban reportes visuales de las aves, a disgusto de los ornitólogos. Independientemente de la calidad de estas ópticas, los ornitólogos insistían en que la única forma de estudiar las aves era con aves muertas. Sin duda la razón tenía que ver con el problema práctico de cómo estudiar las aves sin poder acercarse a ellas, pero también se debía a la cultura machista de la ornitología. La ornitología, como la ciencia en general, fue entendida como actividad masculina y las mujeres fueron sistemáticamente marginadas; Florence Merriam fue una notable excepción. En Inglaterra, la British Ornithologists´ Union formalmente excluía a las mujeres de la membresía en la organización. En Estados Unidos, "Uno de los aspectos más destacados de la comunidad ornitológica en la segunda mitad del siglo XIX es que era casi enteramente masculina". En términos culturales, la escopeta fue instrumento de varones; la observación de aves (pero no la ciencia de la ornitología) y el uso de "gemelos de teatro" se consideraron actividades afeminadas.[55] Sin duda estas creencias culturales influían en la insistencia de que la caza de aves con escopetas fuera la técnica normal empleada para el estudio de las aves. No fue sino hasta la Segunda Guerra Mundial cuando la calidad de los binóculos hizo factible el trabajo de campo. Hasta entonces, tenían que depender de la observación sin instrumento alguno o de la escopeta.

Ciertamente la escopeta fue el instrumento indispensable usado por todos los naturalistas que estudiaron las aves en Costa Rica y América Central, durante los primeros 75 años de ornitología en el país. Por ejemplo, en 1861, 1862 y 1863, el conocido ornitólogo inglés Osbert Salvin de esta manera recolectaba aves en Centroamérica, incluyendo Costa Rica. Recordando su viaje de Guatemala a Panamá (que incluía una parada en

Puntarenas), comenta que "Un sorprendentemente placentero crucero a lo largo de la costa oeste de Centroamérica en la ´Guatemala´ también nos produjo frutos. Capitán Dow y yo aprovechamos cada oportunidad que tuvimos de desembarcar con nuestras escopetas".[56] En el reporte de un viaje a Costa Rica al final de 1904 y la primera parte de 1905, el ornitólogo estadounidense Robert Ridgway relata no solamente la hermosura de la naturaleza costarricense, sino la recolección de aves. Sus acompañantes fueron sus amigos José Zeledón y Anastasio Alfaro, director del Museo Nacional de Costa Rica, "excelentes ornitólogos y entusiastas colectores", según Ridgway. Menciona constantemente la recolección de aves. En un momento relata: "No menos fascinante fue matar colibríes en los árboles florecientes de guaba. Estos árboles son pequeños, abiertos y extendidos lo que permitía matar los colibríes con facilidad utilizando un cañón auxiliar o una pistola para colección. Colectamos quince especies de colibríes en un solo árbol de éstos, varias especies raras y excesivamente hermosas…". No obstante, también confiesa que frente al quetzal, "no pude dispararle por su gran belleza". Termina el artículo relatando las dificultades de recolectar pájaros, "dada la densa vegetación y lo difícil del terreno, lo que hace prácticamente imposible recuperar el espécimen al que se le disparó".[57] Lo que se evidencia es que todos los que estudiaron las aves en aquellas épocas dependían de la recolección de especímenes con escopetas.

El uso de animales, tanto vivos como muertos, por la ciencia biológica ha sido criticado desde el siglo XVIII cuando se fundaron en Inglaterra y Francia las primeras organizaciones que defendían el bienestar de los animales. La ornitología y la recolección de aves como especímenes, también sufrían críticas durante el final del siglo XIX y la primera parte del siglo XX. Inclusive, surgió al respecto un conflicto entre "ornitólogos" y "observadores de aves". Pero los recolectores se defendían. Cherrie se defiende en forma directa: "El verdadero naturalista es un cazador, no un asesino. El mata sin ni siquiera ser deliberadamente cruel. Su objetivo es el avance de la ciencia y su éxito es lograrlo, no triunfar".[58]

En cierta manera el conflicto persiste hasta los días de hoy. Instancias como el MNCR siguen recolectando; facultades de biología exigen que los estudiantes hagan colecciones, si no de aves, ciertamente de insectos. Hasta ahora las críticas no son fuertes, pero están latentes.[59] De todas formas, hay que reconocer que éstos y otros especímenes servían grandemente para comprender la diversidad de la avifauna y para estudios comparativos.

Hoy, nos permiten comparar especies de hace muchos años con las de tiempos actuales, entre otros usos científicos, aunque ahora su valor es reducido por falta de documentación adecuada.[60] Además, las colecciones de aves disecadas han hecho posible contar con las guías ilustradas que hoy son fundamentales para la observación e identificación de aves. Fue hasta cerca de la mitad del siglo XX, y aun hasta los 1980s, que se deja el énfasis en sistemática (y la recolección de especímenes como actividad principal) y se sustituye la escopeta por los binóculos y las redes de niebla, lo cual cambió el enfoque de estudio hacia al comportamiento, la ecología y la conservación.[61] No obstante, hasta hoy en Costa Rica y otros países, la recolección de especímenes sigue siendo importante.[62]

Esto fue el trasfondo histórico del inicio de la ornitología en Costa Rica. Durante los años siguientes, investigadores establecieron el estudio de las aves con mucha seriedad. Aunque durante una época sufrió abandono, el trabajo de estos primeros asentaba las bases del estudio de las aves que, en alguna manera, sigue hasta hoy.

Capítulo II
EL COMIENZO Y EL ESTABLECIMIENTO DE LA ORNITOLOGÍA NACIONAL

Período primero: 1854-1880

La recolección de especímenes fue el método ornitológico estándar cuando Karl Hoffmann, Alexander von Frantzius y Julián Carmiol llegaron a Costa Rica desde Alemania, en diciembre de 1853.[63] No fueron los primeros europeos en interesarse en las aves de Costa Rica. Antes de ellos, en 1848, el polaco Josef von Warzcewicz (1812-1866), conocido recolector de plantas (especialmente orquídeas), jardinero profesional y viajero, recorrió Costa Rica hacia Panamá. Además de encontrar la orquídea guaria,[64] hizo una recolección de 50 aves, más que todo del sur del país colindante con Chiriquí y Veragua. En 1850, Warzcewicz envió esta colección al ornitólogo John Gould (1804-1881) de la Zoological Society of London en Inglaterra. Incluía una nueva especie de *Cephalopterus glabricollis* (pájaro sombrilla) que Gould describió y seis nuevas especies de colibríes, que Gould se proponía describir en un artículo posterior.[65] Osbert Salvin señala a Warzcewicz como el que "da las primeras indicaciones de la rica fauna" de Costa Rica.[66]

Karl Hoffmann, Alexander von Frantzius y Julián Carmiol

Hoffmann de Berlín y von Frantzius de Danzig, eran amigos. Ambos estudiaron medicina en la Universidad de Berlín y juntos eran militantes de la fallida Revolución de 1848. Su situación política era difícil (y además von Frantzius sufría de problemas pulmonares) y buscaron alternativas. Decidieron viajar a Costa Rica como naturalistas. El influyente naturalista Alexander von Humboldt les escribió una carta de recomendación dirigida al presidente de Costa Rica Juanito Mora, y propuso que fueran incorporados a la docencia universitaria. No obstante, cuando llegaron en diciembre de 1853, no había posibilidades universitarias. La Universidad de Santo Tomás no ofrecía estudios de historia natural ni de medicina. Como médicos, podrían fungir en esa profesión. Abrieron consultorios. Luego von Frantzius complementó su actividad con una farmacia. Hoffmann también vendía medicamentos, además de licores importados. Ambos se identificaron con la realidad costarricense y se involucraron en los sucesos políticos de 1856. Hoffmann se comprometió como el cirujano mayor del Ejército Expedicionario de 1856. Von Frantizus tuvo menos participación, pero atendía a los heridos después de la batalla de Sardinal. En 1860, se identificó con Montealegre contra

Alexander von Frantzius. Fuente: Museo Nacional de Costa Rica.

Mora. Pronto después de la guerra contra los filibusteros, Hoffmann sufrió la pérdida de su esposa por la tifoidea, y poco después, en 1859, él mismo falleció en Puntarenas. Von Frantzius vivió primero en Alajuela y luego se trasladó a San José. Se casó con una costarricense (de la cual se sabe nada), y abrió la Botica Francesa, que años después pasó a José Zeledón. Se quedó en el país hasta 1869 cuando regresó a Alemania. Murió en Freiburg en 1877.[67]

Desde antes de la Guerra de 1856, los dos habían explorado Costa Rica y estudiado la historia natural del país. Sus intereses fueron amplios e hicieron aportes a la geología, la meteorología, la etnología y la mastozoología, además de la ornitología. En cuanto a sus aportes a la biofísica y la geografía, Amador Astúa observa:

> Alexander von Frantzius realizó observaciones sistemáticas del tiempo en Costa Rica e hizo estudios del clima en el país y Centroamérica, que sirvieron de inspiración para científicos en la región y fuera de ella. Muchos naturalistas, posteriormente, confirmaron las observaciones realizadas por Frantzius, e incluso usaron de base sus trabajos para

extenderlos a otras áreas geográficas del país. Hoffmann dio muestras además, de un excelente conocimiento científico de la termodinámica y física de nubes al detallar y explicar los fenómenos observados en la laguna del Barva.[68]

Durante su corta vida en Costa Rica, Hoffmann logró recolectar numerosos especímenes, especialmente de plantas, pero también de mamíferos, reptiles y aves. Envió éstas principalmente al Museo Real de Zoología de Berlín, donde Jean Louis Cabanis las recibió, clasificó y describió. Hilje nota que Hoffmann y von Frantzius escribieron los nombres comunes tal y como los escuchaban y que el taxónomo en Berlín, por deficiencias en el manejo del español, los copiaba en la forma que aparecían. Por tanto, fueron incluidos en esa forma en las publicaciones. Por ejemplo, en artículos de Cabanis, se encuentra: cazica (cacique), coyeo (cuyeo), iigüirre y güegüirro (yigüirro) o quiroropéndula (oropéndola).[69] Muchos animales y plantas nuevos para la ciencia fueron nombrados en honor de Hoffmann. Entre las aves, tenemos: *Amazilia saucerrottei hoffmanni* (Trochilidae); *Formicarius analis hoffmanni* (Formicariidae); *Melanerpes hoffmanni* (Picidae); *Pyrrhura hoffmanni* (Psittacidae); *Trogon massena massena* (antes *Trogon massena hoffmanni*) (Trogonidae). Además de estas aves, Hilje encontró 22 plantas, dos moluscos, tres miriápodos, una araña y dos reptiles.[70]

Von Frantzius se destacó como naturalista y ornitólogo. Publicó artículos científicos en periódicos importantes, mantenía correspondencia con ornitólogos en Europa y Estados Unidos y recolectó centenares de especímenes, especialmente de plantas y pájaros. La mayoría fueron enviados al Museo Real de Zoología de Berlín y luego al Museo Nacional de Estados Unidos (Institución Smithsoniana). Hay varias plantas y aves que llevan su nombre.[71]

En 1869, con base en el catálogo de aves de Costa Rica presentado por G. N. Lawrence el año anterior, von Frantzius publicó en Alemania una lista anotada de 150 especies de aves de Costa Rica.[72] Esta lista es importante por sus observaciones que tratan de aspectos geográficos, hábitat, canto, comportamiento y abundancia. Además, menciona la importancia de condiciones naturales o hábitat, tanto para la nutrición y las costumbres de las aves como para su abundancia. En esto va más allá de cuestiones taxonómicas y se acerca a aspectos ecológicos, ciencia que todavía no existía en los tiempos de von Frantzius. Entre otros pájaros, von Frantzius comenta el jilguero (*Myadestes melanops*). Tenía uno enjaulado en su casa. Notó que cantaba muy poco y solamente en la mañana y que era pájaro melancólico, algo que von Frantzius atribuye a su color.[73] Como se indicó, en cuanto al origen evolutivo de la avifauna de Costa Rica, reconoció que "el carácter fundamental de su ornitología es principalmente sud-americano", aunque con "una gran cantidad de aves centro-americanas".[74] Este interés en comportamiento, hábitat y evolución lo pone en la delantera de los estudios científicos de su tiempo. En este sentido, von Frantzius hacía un valioso aporte a la ornitología costarricense y amplía el conocimiento de la avifauna.

Julián Carmiol [Garnigohl] (1807-1886) llegó junto con Hoffmann y von Frantzius. A diferencia de ellos, Carmiol no era profesional, sino jardinero viudo que inmigró a Costa Rica buscando nuevas posibilidades económicas. No obstante, también se interesó en la naturaleza. Conoció a Hoffmann y von Frantzius en la embarcación que los transportaba a Centro América. Con su hijo Francisco, Carmiol recolectaba plantas y pájaros en varios lugares del país, como San Carlos, Grecia y Sarchí, Irazú, el Valle de Candelaria, Dota, Guaitil y Pirris, Orosí y Turrialba. Carmiol no era científico y no escribió artículos ni hizo aportes teóricos. Más bien, era comerciante de especímenes de aves y tenía negocios de jardinería en San José. No obstante, contribuyó mucho al conocimiento de las aves de Costa Rica. Incluso, tres especies llevan su nombre: *Chalybura urochrysia* (antes *Chalybura carmioli*) (colibrí patirrojo); *Chlorothraupis carmioli* (antes *Phoenicothraupis carmioli*) y *Orthogonys carmioli* (tangara de Carmiol); y *Vireo carmioli* (vireo de Carmiol).[75]

Contribuciones de otros ornitólogos

Durante los 1860s, otros también se interesaron por las aves de Costa Rica. Como he anotado, el británico Osbert Salvin (1835-1898) visitó Puntarenas brevemente cerca de 1863 y recolectó aves. Aunque sus visitas al país fueron cortas, se interesó mucho por la avifauna de Costa Rica. Por ejemplo, en 1865, publicó comentarios sobre el pájaro campana. Para Salvin, el pájaro campana "es un ave reparable ... una especie extraña". Dice que sus carúnculas sugieren las orquídeas de Costa Rica y que su impresionante vocalización no se explica. Empleó a Enrique Arce para recolectar especímenes de ésta y otras aves del país.[76] Además Salvin conocía a von Frantzius. Visitó varias veces Guatemala y otros países centroamericanos. Junto con Philip Lutley Sclater, Salvin hizo la primera recopilación de las aves de Centroamérica, que publicaron en 1859 en el *Ibis* de la British Ornithologists´ Union.[77] Salvin era uno de los ornitólogos más conocidos de los tiempos y figura entre los editores de la multivolúmen obra, definitiva para su época, *Biología Centrali-Americana*.[78] Esta obra de 52 tomos es un resumen detallado del conocimiento de la zoología y la botánica de la región conocida hasta entonces. Salvin mismo es el autor, junto con Frederick DuCane Godman, del tomo sobre aves. El estudio sobre aves se basó en 85,000 especímenes. Aunque no se trata exclusivamente de Costa Rica, hace muchas referencias a las aves del país, especialmente para compararlas con las mismas especies encontradas en otros países centroamericanos. Para Salvin, las aves de Costa Rica servían como "holotipos" de las demás especies centroamericanas. Durante los 1890s y hasta la primera parte del siglo XX, George K. Cherrie y otros ornitólogos del Museo Nacional de Costa Rica hacían referencia a Salvin y Godman en sus artículos sobre la avifauna nacional porque esta obra fue la referencia básica para los estudios ornitológicos. Cuando el Museo Nacional de Costa Rica adquirió esta obra en 1898, se consideró importante reportar la adquisición al congreso de la república, según informe del director del Museo Juan Ferráz.[79]

Para este período, vale señalar al Capitán John M. Dow (1827-1892), un marinero estadounidense que navegaba el vapor *Guatemala* entre Panamá y Guatemala, para el Panama Railway Company.[80] Era hombre de amplios intereses. Fue miembro de sociedades científicas como la Academia de Ciencias Naturales de Filadelfia, la Sociedad Americana de Etnología y la Sociedad Zoológica de Londres. Como explica Hilje Quirós: "Dow no fue un espectador pasivo del acontecer político y social de Centro América, sino que entabló relaciones de amistad con notables personalidades de la región, en varios ámbitos de la sociedad, lo que lo convirtió en un hombre respetado y querido".[81] Esto fue posible, en parte, porque tales personalidades viajaron como pasajeros en el *Guatemala*, por voluntad propia o, en el caso de Juanito Mora, como exiliado. Además, Dow se apasionaba por la historia natural. Publicó un libro sobre peces y las aves le atraían sobremanera. Recolectó varios especímenes para museos. Conocía a Salvin, a von Frantzius y Spencer Baird de la Institución Smithsoniana, entre otros naturalistas. Fue Dow quien puso a von Frantzius en contacto con Baird, y así facilitó una relación muy beneficiosa para la ornitología costarricense. Como cortesía, transportaba a Salvin y a otros naturalistas por la costa del Pacífico. Los acompañaba en sus giras y, junto con ellos,

Dow también recolectaba especímenes. Luego, y sin costo alguno, enviaba los especímenes a especialistas y museos. En 1863, Salvin lo honró cuando nombró a la tangara vientricastaña, especie endémica en Costa Rica, *Tangara dowii*. Tres años más tarde, en el campo de la botánica, James Bateman, conocido horticulturista inglés, también quiso hacerle honor a Dow y nombró a la guaria Turrialba, orquídea endémica: *Cattleya dowiana*. Lo hizo porque Dow transportó vía marítima los primeros ejemplares de esta orquídea hacia Europa.[82] Aunque no era ornitólogo ni naturalista profesional, Dow hizo importantes aportes al desarrollo de la ornitología en Centro América.

Dos ornitólogos que durante este período contribuyeron mucho al conocimiento sobre la avifauna de Costa Rica, jamás visitaron el país. Se trata de George N. Lawrence (1806-1895) de Estados Unidos y Jean Louis Cabanis (1816-1906) de Alemania. Ambos basaron sus estudios en especímenes de Costa Rica que Hoffmann, von Frantzius y Carmiol enviaron a la Institución Smithsoniana y al Museo Real de Zoología de Berlín.

Lawrence, de Nueva York, era un acaudalado hombre de negocios con un gran amor por las aves. Dedicó la mayor parte de su vida al estudio de ellas y fue reconocido como experto en la avifauna de las Américas. Era miembro honorífico de la AOU. Financió varias expediciones de la Institución Smithsoniana y, en 1887, donó su colección personal de 8.000 aves disecadas al American Museum of Natural History (AMNH) de Nueva York. Esta colección guardaba 300 especies nuevas para la ciencia. A partir de 1858 y hasta el final de su carrera, Lawrence se dedicó mayormente a las aves de América Central, Sudamérica, Cuba y el Caribe. En 1868, Lawrence publicó el "Catálogo de Aves de Costa Rica", que fue el primer intento de presentar una lista completa de la avifauna del país, aunque no incluye aves marinas. Esta lista se hizo referencia básica para las listas posteriores. Para preparar el "catálogo", Lawrence no solamente examinó los especímenes de su propia colección, sino los de la Institución Smithsoniana, los de la Academia de Ciencias de Filadelfia y los del American Museum of Natural History.[83] En honor de su trabajo ornitológico, dos especies de nuestras aves llevan su nombre: *Pseudocolaptes lawrencii* (trepamusgo cachetón) y *Geotrygon lawrencii* (paloma-perdiz sombría).

Contemporáneo de Lawrence, Jean Louis Cabanis fue curador de aves del Museo de Zoología de Berlín y fundador y editor vitalicio, de la revista *Journal für ornithologie* (1853). Trabajó con las colecciones de aves disecadas del Museo de Zoología de Berlín y fue el primer europeo que estudió más detalladamente las especies de aves de Costa Rica. Entre 1860 y 1862, publicó artículos en el *Journal für ornithologie* sobre las aves de Costa Rica, y basó su estudio de los especímenes enviados por Hoffmann, von Frantzius y Carmiol. Entre las 150 especies descritas en los artículos, 23 especies y 28 subespecies fueron descritas por primera vez. De acuerdo con José Fidel Tristán, "Debemos, pues, al Doctor Cabanis el conocimiento de una buena parte de nuestras aves y tiene además el mérito de haber sido el primer naturalista europeo que estudiara seriamente nuestra rica avifauna".[84]

Respecto a la ornitología en Costa Rica, Carriker observa: "Desde 1870 hasta 1878, aparecieron unos pocos y breves documentos, pero ninguno de verdadera importancia".[85] No obstante, en este período llegó a Costa Rica el ornitólogo, recolector y naturalista francés Adolphe Boucard (1839-1905). La labor de Boucard es de importancia "porque es gracias a su actividad que muchas colecciones privadas y museos del viejo y nuevo mundo se enriquecieron con ejemplares disecados y excelentemente preparados de esas joyas de los bosques tropicales del mundo occidental, los colibríes".[86]

En 1876 y 1877, durante cinco meses Boucard estuvo recolectando aves en el valle de San José, en San Carlos, Cartago, Orosi e Irazú.[87] Es conocido por su interés en colibríes, la recolección de ellos y la preservación de sus plumas una vez disecados. Durante un breve tiempo, publicó una revista sobre colibríes. En Costa Rica el colibrí *Amazilia boucardi*, endémico de la costa sur del Pacífico, lleva su nombre como también el tinamú *Crypturellus boucardi*. De todas maneras, Boucard encontró difícil trabajar como naturalista en Costa Rica:

> Creo que Costa Rica es uno de los lugares menos á propósito para hacer colecciones, por motivo de las dificultades de transporte, malas vías de comunicación lejana y los grandes gastos que estas mismas dificultades ocasionan. Se debe llevar todo lo que se necesita; debe uno comer y dormir donde y como se pueda, algunas veces en ranchos miserables y otras en medio de los bosques.[88]

Boucard fue empresario de objetos naturales, especialmente aves disecadas y plumas para los sombreros de señoras. En 1891, la sede de su negocio se trasladó de Paris a Londres donde se estableció definitivamente.

Su compañía vendía cantidades de aves disecadas a museos y colecciones privadas.[89] Además participaba activamente en el comercio de plumas. Frente a la oposición cada vez más fuerte al comercio de plumas, Boucard hizo una defensa apasionada. Según él, aseguraba que, "la cantidad de aves que se ve en América es tan inmensa que pasarían cientos de años antes de acabarlas".[90]

Final del siglo XIX

Para la última parte del siglo XIX, Costa Rica y América Central ya eran un área reconocida para el estudio de las aves y otros ornitólogos comenzaron a visitar el país, incluyendo a la Isla del Coco. Por ejemplo, en 1882, el conocido naturalista y ornitólogo de la Universidad de Iowa (Estados Unidos), Charles C. Nutting (1859-1927), recolectó en Nicoya, San José y el volcán Irazú más de 300 aves para la Institución Smithsoniana.[91] En La Palma de Nicoya recolectó el mosquero *Myiarchus nuttingi*. El año siguiente Nutting atrapó en Nicaragua al semillero *Oryzoborus nuttingi*. Ambas eran nuevas para la ciencia. Robert Ridgway describió y nombró estas aves en honor de Nutting.[92] Durante 1882-1883, el sueco Carl Bovallius de la Universidad de Upsala, también recolectó aves en Panamá, Costa Rica y Nicaragua. En Costa Rica, estableció su base en una hacienda cerca de Siquirres y recolectó 73 especies, la mayoría de Talamanca. Las especies recolectadas fueron depositadas en el Museo de Historia Natural de Estocolmo y algunas en la Universidad de Upsala.[93] Luego, durante dos semanas de febrero y marzo de 1893, el ornitólogo de la Institución Smithsoniana, Charles W. Richmond, desde su base en San Juan del Norte, Nicaragua, recolectó aves por las orillas del río Frio, Costa Rica. Comenta que, excepto por unas poblaciones de Guatusos (Malekus), la zona estaba deshabitada y, por tanto, "la vida silvestre fue abundante. Aves acuáticas fueron extremadamente numerosas". Además menciona el "bosque espeso", las "grandes tropas de tres especies de monos", los "enjambres" de caimanes, tortugas y lagartijos, aun "tiburones, probablemente el mismo que se encuentra en el lago [de Nicaragua]". Su reporte, que incluye consultas con el MNCR, describe 281 especies de aves.[94]

Isla del Coco

Además, durante este período del fin del siglo, llegaron las primeras expediciones ornitológicas a la Isla del Coco. Si bien es cierto que las primeras menciones de la avifauna de la isla son del cronista Gonzalo

Fernández de Oviedo y Valdés en 1549 y que, durante los siguientes 300 años, exploradores, expediciones científicas, corsarios, piratas y aventureros visitaron la isla y comentaron la avifauna—especialmente su abundancia y docilidad—la isla no fue objeto de gran interés ornitológico. No obstante, es notable que la primera recolección de aves en Costa Rica se hizo en la Isla del Coco (aunque no fue parte de Costa Rica sino hasta 1869) el 3 de abril de 1838, cuando la expedición del británico Edward Belcher hizo escala en la Isla del Coco, con el barco *Sulphur*. Entre otras especies, se recolectaron las aves endémicas de la Isla del Coco, el pinzón (*Pinaroloxias inornata* [*Cactornis inornata*])—el único "pinzón de Darwin" que se encuentra fuera de las islas Galápagos-- y el cuclillo (*Coccyzus ferrugineus*). Estos especímenes fueron descritos en 1843 por el conocido ornitólogo inglés, John Gould. El artículo, publicado en los *Proceedings of the Zoological Society of London*, es el primer artículo científico sobre la avifauna de Costa Rica. Luego, Gould preparó descripciones y dibujos a colores de ambas especies, para el libro de Richard Brinsley Hinds, el naturalista de la expedición, sobre la zoología que se descubrió cuando el *Sulphur* navegaba en el Océano Pacífico. Los dibujos del pinzón y el cuclillo son los primeros que se publican de pájaros de Costa. Rica.[95]

El Cuclillo de la Isla del Coco. Esta ave endémica a la Isla del Coco y el Pinzón de la Isla del Coco fueron descritas por John Gould. Las descripciones y las reproducciones de dibujos de estas aves, son las primeras de Costa Rica. Fuente: John Gould, "Birds". En: Richard Brinsley Hinds, ed., The Zoology of the Voyage of H.M.S. Sulphur under the command of Captain Sir Edward Belcher, R.N., C.B., F.R.G.S., etc., during the years 1836-42, *vol. 1. London: Smith, Elder and Company, 1844.*

De todas maneras, no fue sino hasta 1891 que se hizo investigación ornitológica científica seria. En ese año una expedición a las Galápagos dirigida por el naturalista estadounidense Alexander Agassiz visitó la Isla del Coco, y el ornitólogo de la expedición fue Charles H. Townsend. Pocos años después, entre 10-21 de junio de 1898, sucedió la primera expedición costarricense liderada por Anastasio Alfaro y Henri Pittier del Museo Nacional de Costa Rica. Tanto Pittier como Alfaro comentaron la gran cantidad y la conducta dócil de los pájaros. Según Alfaro:

> las gaviotas se vuelven tímidas ... las aves que yo llamaría *palomas de mar* se dejan coger ... los perros juegan con ellas y se las comen sin producir escándalo ... Los peces voladores y las golondrinas de mar se confunden frecuentemente entre sí lejos de la costa; las *fregatas, tijeretas, gavilanes de mar, cigüeñas*, etc. son tan numerosas, que los islotes contiguos se cubren por completo al anochecer y parece que brotaran de su seno bandadas de pájaros en las primeras horas de la mañana, antes de salir el sol.[96]

Al finalizar el siglo XIX, en 1899, desde las Galápagos, llegó la expedición Hopkins-Stanford y pasó cuatro días en la isla. Dos ornitólogos, Edmund Heller y Robert Snodgrass hicieron observaciones y recolecciones de las aves.

Al iniciar el siglo XX, hasta los 1960s, numerosas expediciones, mayormente rumbo a las Galápagos, pasaron por la Isla del Coco, y generalmente se quedaron pocos días. Entre ellas están: Rollo Beek y Edward Gifford (1905-1906); William Beebe, en el yate *Arcturus* patrocinada por la New York Zoological Society (1925); Cornelius Crane con el ornitólogo Walter Weber (1928); el ambientalista estadounidense Gifford Pinchot, rumbo a las Galápagos (1929); la expedición Astor, también en ruta a las Galápagos, con el ornitólogo James E. Chapin del American Museum of Natural History (1930). Para cada una de estas expediciones la Isla del Coco fue de interés secundario; ninguna hizo más que observaciones rápidas y algunas recolecciones. No obstante, durante las próximas décadas, habría otras expediciones que aumentarían el conocimiento de la avifauna de la Isla del Coco.[97]

Carriker, escribiendo en 1910, nota que: "Hasta el año 1860 no se tenía ningún conocimiento definitivo de la ornitología de la región conocida como Costa Rica y, en verdad, se conocía muy poco de Centro América como un todo".[98] Después del trabajo de Hoffmann, von Frantzius, Carmiol, Salvin, Cabanis y Lawrence, Nutting, Bovallius, Richmond y las expediciones a la Isla del Coco, en pocos años se obtuvo un cúmulo formidable de conocimientos de la avifauna costarricense. Durante el siguiente período, el conocimiento ornitológico científico se agranda aún más.

Período segundo: finales siglo XIX-1940

Cuando von Frantzius regresó a Alemania, dejó una marcada influencia en el joven naturalista José Cástulo Zeledón. La botica de von Frantzius, Farmacia Francesa, donde laboraba Zeledón, fue el lugar donde von Frantzius lo adiestraba en la historia natural, especialmente en la ornitología que era el gran interés de ambos. Zeledón desarrolló su carrera como naturalista y luego ornitólogo, mientras trabajaba en la botica de von Frantzius.

José Cástulo Zeledón y Robert Ridgway

Zeledón tenía apenas 16 años en 1862 cuando su padre arregló con von Frantzius para que lo tomara como empleado en su botica y que lo acompañara en sus giras para recolectar objetos naturales, especialmente pájaros. Von Frantzius le enseñó los nombres correctos de las aves y cómo

Robert Ridgway *Fuente:* The Condor XXX/1 *(enero-febrero 1928)*

José Cástulo Zeledón. *Fuente:* The Auk 40/4 *(Octubre 1923).*

Arriba: Amparo López Calleja, la primera naturalista de Costa Rica. Fuente: Museo Nacional de Costa Rica.
Izquierda: José Zeledón en el jardín de su casa, 17 junio 1920. Fuente: Homenaje a Don José C. Zeledón. San José: Imprenta y Librería Trejos Hermanos, 1924.

disecarlas, y lo introdujo a la ornitología sistemática. Comenzando en 1866 hizo sus primeras colecciones importantes cerca de Cartago y luego en Las Cruces de Candelaria, La Palma de San José, los volcanes Irazú y Barva, Santa María de Dota, Tucurrique, Pacaca y otros lugares. La mayoría de los especímenes los envió von Frantzius al Museo de Zoología de Berlin.

En 1868, luego que muriera su esposa y aceptara ser secretario de la Sociedad Antropológica de Alemania, von Frantzius regresó a su tierra natal. En su viaje de regreso, llevó consigo a Zeledón hasta Washington, D.C. Allí von Frantzius le presentó a Spencer Baird, ejecutivo principal de historia natural y conocido ornitólogo del United States National Museum (Institución Smithsoniana). Baird acordó nombrar a Zeledón como asistente de ornitología, sin goce de sueldo, trabajo que Zeledón ejerció durante los siguientes cuatro años. Coincidentemente, Baird acababa de emplear como ornitólogo a un joven llamado Robert Ridgway. Zeledón y Ridgway entablaron una amistad profunda y una relación profesional

José Zeledón y Robert Ridgway con sus esposas Amparo López Calleja y Julia Evelyn Perkins en San José, 1905. Fuente: The Condor XXX/1 (enero-febrero 1928).

que enriquecería la ornitología costarricense y el Museo Nacional de Costa Rica.[99]

    Aunque fue un reconocido estudioso de los pájaros, Zeledón publicó muy poco sobre la avifauna. No obstante, sus pocos escritos son importantes contribuciones a la ornitología nacional. Es el primer costarricense que prepara una lista de las especies de aves del país, y la publica en Costa Rica en 1882: "Catálogo de las aves de Costa Rica", de 388 especies. "No es un trabajo exacto", explica Zeledón, "pues, careciendo en el país de libros y otros elementos indispensables para este género de estudios...".[100] Luego de otro viaje a la Smithsoniana en Washington, donde tenía acceso a bibliografía y podía examinar la colección de aves de Costa Rica, en 1885 amplió la lista a 692 especies y la publicó (en inglés) en los *Proceedings of the United States National Museum*.[101] Finalmente, de vuelta en Costa Rica, en 1887, presentó un nuevo "Catálogo de las aves de Costa Rica" con 708 especies en los *Anales del Museo Nacional de Costa Rica*.[102]

Robert Ridgway sobre el volcán Poás durante su expedición de 1904-1905. Fuente: The Condor XXX/1 (enero-febrero 1928).

En 1886, Zeledón contribuyó con un resumen de conocimientos de la biología, comportamiento y distribución de las aves del país.[103] Como afirmó Ridgway, "puesto que estos fueron, al menos en la mayoría de los casos, la primera información publicada sobre los hábitos de las especies mencionadas, el documento es de enorme valor e interés".[104] Se basa en la lista de 1885 y revise 38 familias y sus especies como "una reseña breve y general de los principales caracteres de la avifauna del país", especialmente las especies más llamativas.[105] Explica que el gran número y diversidad de especies en Costa Rica se debe a la posición geográfica entre Suramérica y Centro América, "tan variada en alturas y por consiguiente en clima, dando esto lugar al desarrollo de una vegetación extremadamente heterogénea, cuyos frutos suministran abundante y variado alimento a las aves frugívoras y á los numerosísimos insectos que á su vez son pasto de insectívoras".[106] Cada apartado presenta una síntesis de aspectos de nomenclatura, distribución, alimentación, reproducción, vocalización, utilidad y aprecio

Robert Ridgway y José Zeledón trabajando en la casa de Zeledón, junto con Amparo López Calleja, 1905. Fuente: The Condor *XXX/1 (enero-febrero 1928).*

popular. Incluso parece que Zeledón se dirige a los aficionados de aves. Por ejemplo, en cuanto a la "Tangaridae" (Thraupidae) explica:

> Esta familia es peculiar de la América y las Antillas, cuenta algunos centenares de especies distribuidas en numerosos géneros, y se compone, casi en su totalidad, de aves de plumaje de variadísimos y muy vistosos colores. Uno solo de sus géneros, el *Calliste* [*Tangara*] cuenta con mayor número de especies y supera en la belleza de su plumaje á cualquier otro, tomado aisladamente, de toda la avifauna del Continente americano.

> En efecto, el grueso de las grandes colecciones de pieles que se remiten de Sur América á Europa constantemente, que constituyen un importante ramo de comercio que se destinan á objetos de ornamentación, tales como los sombreros de señoras, que las exigencias de la moda suelen convertir en verdaderos museos ornitológicos, son de pájaros de esta familia.[107]

DESCRIPCION DE UNA ESPECIE NUEVA DE "GALLINA DE MONTE",

POR

José C. Zeledón.

Aramides plumbeicollis, sp. nov.

MACHO ADULTO:—Frente y parte anterior de la corona gris pizarrosa apagado, que se torna en castaño intenso en la parte posterior de ésta y en el occipucio; cuello todo gris pizarra puro, cuyo color se desvanece en toda la garganta hasta el blanco gris, y en los lados de la cabeza se torna en gris ceniciento; espalda de este tinte rojizo anaranjado que se llama *russet;* coberteras alares, remeras terciarias y escapulares posteriores oliva claro uniforme; el resto del ala castaño rojizo vivo; con las barbillas internas de las remeras secundarias oliváceas en parte, y las puntas de las primarias (exceptuando las tres ó cuatro primeras) de color oliváceo un poco más pálido; rabadilla, coberteras superiores de la cola, cola, región anal y femoral y parte baja del abdomen, costados y flancos de color rojizo canela intenso y uniforme (exactamente como en el *Aramides cayennensis*); axilares y coberteras inferiores de las alas castaño claro con fajas trasversales de negro opaco. Pico verde amarillento en su mitad terminal, y rojo anaranjado en su mitad basal; tarsos y patas rojo anaranjado.

Dimensiones en pulgadas inglesas:—longitud como 15 (de la punta del pico á la de la cola), ala 6.90, cola 2.20, culmen 2.25, altura del pico en su base 0.70, tarsos 3.10, dedo del medio 2.30.

La hembra adulta tiene los colores un poquito más vivos que el macho, y sus dimensiones, con muy pequeña diferencia, son las mismas. No tengo duda, sin embargo, de que los sexos no difieren, y que las muy pequeñas discrepancias que se observan entre los dos únicos ejemplares que poseemos son motivadas por la edad ó simplemente por la época del año, pues el uno fué tomado en Diciembre y el otro en Agosto.

El ejemplar macho adulto que constituye el tipo de la especie se conserva en el Museo Nacional de Washington, bajo el número 113,603.—El de la hembra lo posee nuestro Museo Nacional y está inscrito bajo el Nº 517.

El presente *Aramides* tiene mucho parecido en toda la parte inferior con el *A. cayennensis* (G. M.), y en la superior con el *A. albiventris* LAWR., pero difiere notablemente de ambos en muchos respectos.

No he visto ni la descripción ni ejemplar alguno del *Aramides wolfi* BERLEPSCH (P. Z. S. 1883, 576), del Perú; pero mi amigo el Profesor Ridgway me dice, refiriéndose á él, que aparentemente se parece mucho por encima á la especie que ahora se describe, y que por debajo es mucho menos rojizo, á más de tener los costados en su mayor parte de color oliváceo.

Los dos ejemplares de que se trata son procedentes de "Jiménez", lugar situado sobre la línea del ferrocarril, en la planicie del Atlántico como á 56 millas del puerto de Limón, y á una altura como de 700 piés sobre el nivel del mar, es decir, en la *zona húmeda* ó *zona oriental* del país.

No tengo conocimiento de que el *A. cayennensis* haya sido encontrado alguna vez en esta zona, no obstante que es bastante común en la del Pacífico ó *zona seca* ú *occidental*, desde la costa misma hasta las altas cordilleras del interior. Creo que la especie aquí descrita está confinada á la zona oriental, como la otra lo está á la occidental, y que futuras exploraciones han de confirmar esta opinión. Si ésto resultara, tendríamos un caso paralelo al del *Carpodectes* y al de la *Cotinga*, cuyos dos géneros están representados en el Atlántico por el *Carpodectes nitidus* y la *Cotinga amabilis*, y en el Pacífico por el *Carpodectes antoniæ* y la *Cotinga ridgwayi*. Pienso que encontraremos otros casos análogos en la distribución geográfica de nuestras aves, cuando nuestro naciente Museo cuenta con el material necesario para ocuparse de este interesante tema; y me aventuro á predecir, en vista del apoyo decidido que la actual Administración le presta, que no está lejano ese día.

La adquisición de esta bella é interesante especie la debemos á los esfuerzos de don Anastasio Alfaro, actual Secretario del Museo. No ha mucho tiempo que este mismo señor enriqueció nuestra avifauna con el descubrimiento, en el Pacífico, de otra nueva especie de esta familia, la pequeña y graciosa *Porzana alfari*, que describió el Profesor Ridgway, dedicándola, muy merecidamente, á su descubridor.

———:o:———

Esta es la única descripción científica de una especie nueva para la ciencia escrita en español y publicada en Costa Rica. **Fuente:** Anales del Instituto Físico-Geográfico y del Museo Nacional de Costa Rica, III. *San José: Tipografía Nacional, 1892.*

Respecto a la viuda *Thraupis episcopus*, "Es una avecita alegre y graciosa, aunque su canto es insignificante ... Se domestica con facilidad y si no es favorito entre los aficionados á pájaros enjaulados, se debe á su ninguna habilidad para el canto". Por otra parte, el sargento *Ramphocelus passerinii* "será un cautivo favorito para los aficionados, pues además de su bello plumaje su canto es bastante agradable". A veces analiza el carácter de una familia. Las aves Bucconidae "son de carácter taciturno y apático" y Trogonidae, específicamente el quetzal-- "sin disputa el más bonito pájaro de América"-- es "muy perezoso".[108]

También describió una nueva especie de rascón, *Aramides [cajaneus] plumbeicollis*. Esta "gallina de monte", cuyos colores y tamaño describió, era un macho y está depositado en el United States National Museum. La hembra fue guardada en el MNCR, pero con el paso de los años desapareció de la colección. Notó que la hembra es muy parecida y concluyó que las "muy pequeñas discrepancias" se deben a diferencias de edad o estación del año. Zeledón encontró el espécimen en Jiménez, "lugar situado sobre la línea del ferrocarril, en la planicie del Atlántico como á 56 millas del puerto Limón, y á una altura como de 700 piés (sic) sobre el nivel del mar, es decir, en la *zona húmeda ó zona oriental* del país". Zeledón se interesó por la distribución geográfica de la especie porque no había sido encontrada en esta zona. No obstante, afirma que "es bastante común en la del Pacífico ó *zona seca ú occidental*." Concluyó que:

> la especie aquí descrita está confinada á la zona oriental, como la otra lo está á la occidental ... Pienso que encontraremos otros casos análogos en la distribución geográfica de nuestras aves, cuando nuestro naciente Museo cuente con el material necesario para ocuparse de este interesante tema; y me aventuro á predecir, en vista del apoyo decidido que la actual Administración le presta, que no está lejano ese día.[109]

La fecha y el lugar de la publicación de la descripción son confusos. En la lista de aves que Zeledón publicó en los *Anales* de 1888, una estrella a lado del nombre de *Aramides plumbeicollis* indica que esta especie está descrita en el mismo volumen de los *Anales*. No obstante, el artículo no está en los *Anales* de 1888, sino en los de 1890 (publicado en 1892). No se sabe por qué pero se supone que Zeledón ya tenía lista para su publicación la descripción pero, por razón desconocida, no fue incluida en los *Anales* de 1888. Esto significa que la fecha oficial del reconocimiento formal de la especie es de 1892, cuando salió publicada la descripción. La discrepancia

La casa de José Zeledón y Amparo López, costado norte de La Sabana. Album de Harrison Nathaniel Rudd. Fuente: Museo Nacional de Costa Rica.

de fecha fue descubierta por Adelina Jara, bibliotecaria del MNCR y Rafael Sobral Marcondes del Museo de Zoología de la Universidad de Sao Paulo, Brasil, mientras investigaban la historia taxonómica del género Aramides.[110] Además Zeledón descubrió y nombró la *Cotinga ridgwayi* (aunque fue descrita por Ridgway)[111] y descubrió y solicitó a Ridgway que, en 1883, nombrara la cotinga piquiamarillo *Carpodectes antoniae* en honor de su fallecida hermana Antonia.[112] Aunque Zeledón descubrió muchas especies nuevas (por lo menos 30), describió o nombró muy pocas. Este trabajo lo dejó para Ridgway.[113]

Según Ridgway las contribuciones de Zeledón a la ornitología fueron otras:

> Los servicios del señor Zeledón a la ornitología no fueron tanto mediante contribuciones a la literatura ornitológica como por otros medios igualmente si no más eficaces que aquéllos. Sus contribuciones

Interior de la casa de José Zeledón y Amparo López. Album de Harrison Nathaniel Rudd. Fuente: Museo Nacional de Costa Rica.

de material para el estudio de las aves de Costa Rica fueron muy importantes, y constan en el agregado de varios miles de especímenes, entre los cuales hay un considerable número de especies, varios géneros y una familia de aves que eran nuevas para la ciencia; pero aún de más grande valor para la ciencia fue el servicio que él ha prestado al facilitar el trabajo de los muchos especialistas, representantes de todas las ramas de la historia natural, que en diferentes ocasiones han visitado Costa Rica con el propósito de realizar colecciones y observaciones, cada uno en su propia disciplina particular.[114]

Sin duda alguna, Ridgway se refiere a sus dos expediciones a Costa Rica y a su libro sobre los colores de las aves. La primera expedición la hizo entre diciembre de 1904 y mayo de 1905. Ridgway, Zeledón y Anastasio Alfaro recolectaban aves, nidos y huevos tanto para el United States National Museum como también para el MNCR[115]. La segunda fue durante

Tumba de José Zeledón, Cementerio Central, San José. Fotos de Janet W. May.

1908 cuando Ridgway estaba escribiendo su obra monumental, *The Birds of North and Middle America*. Este trabajo, que alcanza varios volúmenes y fue terminado después de la muerte de Ridgway. Según Carriker, "el magnífico trabajo de Robert Rigway es, por mucho, la más grande e importante contribución que tenemos para la ornitología de Costa Rica".[116] Zeledón y Alfaro no solamente lo acompañaron para recolectar aves, sino, además, como anota Ridgway, "persuadieron al gobierno para que enviara al taxidermista del Museo Nacional para que me acompañara, y así aliviarme del pesado trabajo de preparar los especímenes y dejarme muchísimo más tiempo para la exploración e información".[117] También, una contribución nada pequeña, fue que Zeledón financió la expedición. Por muchos años Ridgway contemplaba y trabajaba su famoso libro sobre los colores de las aves, *Color Standards and Color Nomenclature* pero a la Smithsoniana le faltaba presupuesto para publicarlo. A este proyecto Zeledón le prestó $4,500, más de la mitad del capital necesario para imprimir el libro.[118] *Color Standards and Color Nomenclature* es clásico y sigue siendo una referencia básica para definir la coloración de aves. Es una de las grandes contribuciones a la ornitología y hasta hoy sigue disponible para la compra.

Los dos ornitólogos eran amigos íntimos y colaboraron en múltiples proyectos. Zeledón visitaba frecuentemente Washington y el United States Nacional Museum. Durante los 1880s y 1890s, Ridgway estuvo en Costa Rica varias veces. Cuando murió su hijo, en 1901, Robert viajó a Costa Rica para ser consolado por su amigo José. La relación fue estrecha.[119]

Todos los que lo conocían reportan que Zeledón era una persona de gran generosidad e integridad. Hijo de Manuel Zeledón y Carmen Porras, nació el 24 de marzo de 1846, en Las Anonas de San José. Su familia fue muy conocida y su padre fue gobernador del cantón de San José por muchos años. Cuando Zeledón regresó de su primera visita a Washington en 1872, tuvo la oportunidad de integrar la expedición de William Gabb como zoólogo. Aunque dejó la expedición por conflictos y desacuerdos con Gabb, Zeledón aprendió mucho sobre la geografía e historia natural de Talamanca y recolectó un buen número de aves. En esto fue acompañado por Juan Cooper, futuro botánico del MNCR. Luego adquirió la botica de von Frantzius, La Francesa. Bajo su administración la botica se convirtió en un negocio próspero que rindió excelentes ingresos para Zeledón. En 1895, contrajo matrimonio con Amparo López Calleja, una mujer que compartía ampliamente los intereses de José. Además de un notable compromiso social con los grupos menos favorecidos económicamente, manifestaba interés y conocimiento en la historia natural, especialmente en relación con las orquídeas. Hoy se recuerda a Amparo como "la primera naturalista costarricense."[120] Los jardines de su casa incluían un aviario y muchas orquídeas y cactus. Zeledón estudiaba el comportamiento de las aves del aviario, especialmente el comportamiento reproductivo. Se interesó mucho por el quetzal y logró reproducirlo en cautiverio.[121] Durante todos los años Zeledón seguía recolectando aves. (Aunque en pequeña escala, Zeledón aún comerciaba plumas).[122] Cuando se estableció el MNCR, Zeledón contribuyó con su considerable colección de aves disecadas, fue el encargado de ornitología y miembro de la Junta Directiva. Junto con Anastasio Alfaro, que fue el director, Zeledón fue uno de los fundadores del Museo. Hasta su muerte durante una visita a Turín, Italia, el 16 de julio de 1923, Zeledón dividía su tiempo entre su negocio, el MNCR y los pájaros.[123] Zeledón fue reconocido mundialmente como una autoridad sobre aves neotropicales. Por su pericia ornitológica, fue elegido Corresponding Fellow ("miembro") de la American Ornithologists´ Union (AOU) en 1884.

Anastasio Alfaro. Fuente: Museo Nacional de Costa Rica.

Anastasio Alfaro

Aunque Zeledón claramente fue el reconocido ornitólogo, Anastasio Alfaro (1865-1951) también se interesó por las aves, aunque se orientó más hacia la arqueología.[124] De todos modos colaboró activamente como recolector de aves, nidos y huevos y, como director del MNCR, apoyó firmemente el desarrollo de la ornitología como un eje principal del Museo. Fue elegido Corresponding Fellow ("miembro") de la American Ornithologists´ Unión (AOU) en 1888. Además tiene el mérito de haber descrito un ave nueva para la ciencia. En 1905 describió la lechuza *Cryptoglaux* [*Aegolius*] *ridgwayi* o lechucita parda, que descubrió dos años antes en el Cerro de la Candelaria, cerca a Escazú. El ejemplo descrito fue un macho y está depositado en el United States National Museum. Alfaro lo nombró "en honor del Profesor Robert Ridgway, como recuerdo de sus recientes expediciones en Costa Rica".[125] Hasta el 2000, esta descripción y la de Zeledón son las únicas descripciones de holotipos de aves escritas por costarricenses.[126]

Además Alfaro escribió breves artículos de divulgación sobre las aves del volcán Poás, nidos de especies diversas, aves migratorias, oropéndolas y tijos, mayormente para *Páginas Ilustradas* durante 1904 y 1905, pero

Pabellón de aves, Museo Nacional de Costa Rica, 1922. Albúm de Gómez Miralles. Fuente: Museo Nacional de Costa Rica.

también para otros periódicos.[127] Un artículo cuestiona una teoría sobre la migración propuesta en un congreso ornitológico en Londres en 1905. El naturalista guatemalteco Juan J. Rodríguez propuso que las aves migran no por necesidad de alimento ni por el frío del norte, sino por la necesidad de "vivir en días largos, sin noches; y para especies nocturnas es lo contrario". Alfaro argumenta en contra, resaltando que la causa de la migración es la búsqueda de alimentación, así "obedeciendo á esa ley natural que se llama: la lucha por la vida". Para refutar la otra parte de la teoría, se recurre a "la ley natural del sueño y el descanso", esto porque, "si no existiera la escasez de alimentos en el Norte, durante el invierno para ciertas aves, lo propio seria pensar que vienen á los trópicos en busca de días y noches regulares". De todas maneras, Alfaro afirma otro aspecto de la propuesta de Rodríguez: "que se establezca centros de observaciones regulares en diversos puntos del Continente Americano" para obtener información sobre la migración de aves.[128]

Página del libro de registro de la colección de aves del Museo Nacional de Costa Rica. Note los nombres de los recolectores: Ridgway, Zeledón, Alfaro, Cooper, Gabb, Dow y Carmiol, entre otros. Fuente: Museo Nacional de Costa Rica.

En cuanto a Alfaro, Méndez y Monge concluyen: "En contraste con su humilde producción científica, sobresalió en cuanto a la popularización de la ciencia y la educación ambiental, a través de conferencias, artículos en periódicos y revistas y exhibiciones de museo … Sus características de científico permitieron que la historia natural de Costa Rica avanzara en el campo de las colecciones de especímenes y piezas arqueológicas, así como en el campo de la taxonomía".[129]

El Museo Nacional de Costa Rica y el desarrollo de la ornitología

El Museo Nacional de Costa Rica (MNCR) ha tenido un papel clave en el desarrollo de la ornitología. Como hemos visto, desde su inicio y durante los años siguientes, bajo la dirección de Anastasio Alfaro y con Zeledón como el encargado de ornitología, el Museo fue reconocido internacionalmente como centro dinámico para el estudio de las aves. Ridgway observó en 1905, "Probablemente no hay ningún país en Centro o Sur América cuya avifauna haya sido estudiada como lo ha sido la de Costa Rica".[130] Esta dinámica fue reforzada mediante la relación entre Ridgway y Zeledón, quienes facilitaron el intercambio constante y mutuamente beneficioso entre la Smithsoniana y el MNCR. Según el biógrafo de Ridgway:

> La cooperación internacional entre el Museo Nacional de Costa Rica y la Smithsoniana fue extraordinariamente frecuente y muy entrañable. Tanto el curador José Zeledón como su socio Anastasio Alfaro pasaron meses juntos en Washington, trabajando con las colecciones de aves de la Smithsoniana … Zeledón proporcionó cientos de especímenes y, por su parte, Ridgway proveyó publicaciones, armas, y recursos para que el museo los usara en la taxidermia, y más.[131]

El Museo se formó luego de la Primera Exhibición Nacional en 1886. En la exhibición ciudadanos expusieron sus colecciones de historia natural –incluía aves disecadas— además de arqueología, obras artísticas e industriales, entre otras. Muy impresionado por la exhibición e influido por la filosofía liberal que enfatizaba la educación y el conocimiento en pro del progreso, el gobierno fundó el MNCR el 4 de mayo de 1887 como lugar donde depositar y clasificar productos naturales y artículos culturales que debían servir de base para el estudio de la riqueza natural y cultural.[132]

Montaje de aves disecadas para la Exposición de Chicago de 1893. Fuente: Museo Nacional de Costa Rica.

Inició con una colección de solamente 250 aves disecadas, colectada en su mayor parte "por el infrascrito Secretario del Museo [Anastasio Alfaro] y obsequiada al gobierno".[133] Para aumentar la colección, el Museo invirtió en su colección de aves, nidos y huevos mediante expediciones propias o la compra a coleccionistas. Adquirió la colección de Zeledón, de 400 especies y más de mil ejemplares, considerada por estar "en un estado inmejorable."[134] Poco después Robert Ridgway del United States National Museum regaló al MNCR 75 especímenes para completar algunos vacíos en la colección nacional. Para 1887, la colección de aves alcanzaba 2.500 ejemplares de cerca de 600 especies y que fueron debidamente inscritos en un libro de registro. Cada ave fue etiquetada "tiquete al pie" con número de registro, sexo, procedencia, fecha de entrada, recolector, si fue obsequiada y otras observaciones o notas. Estas últimas están frecuentemente escritas en inglés e incluyen especialmente aspectos relacionados con coloración. Todo está escrito a mano, en tinta café, con una ortografía muy fina. La página titular reza: "Registro de los animales existentes en las colecciones del Museo Nacional de Costa Rica: colección de Aves. 1886". No obstante la fecha indicada, hay registros hasta los 1890s.[135] Para 1900, se poseían cerca de 10.000 especímenes de aves.[136] Además, el Museo comenzó los estudios sobre "las costumbres de las aves peculiares á este país; la preparación de huevos y nidos…".[137] Intercambió información, especímenes y aún personal con el Museo Nacional de Estados Unidos (Institución Smithsoniana) y la American Ornithologísts´ Union (AOU). Participó en la Exposición Colombiana Universal de Chicago de 1893 "con una colección de aves disecadas de 692 piezas la cual se regaló posteriormente al Museo Smithsoniano de Washington…", junto con maderas, insectos, mamíferos disecados, peces y conchas.[138] Para 1896, se trasladó a un espacio más amplio donde podía tener pabellones de diferentes exposiciones. Fue un esfuerzo público-privado pues, con la cooperación "de varias personas amantes del progreso científico, se ha conseguido aumentar las ricas é interesantes colecciones que constituyen verdaderas riquezas en Arqueología é Historia Natural, y que encierran un tesoro científico de inmenso valor para el país". Además se preparó un reglamento interno para asegurar la buena organización del Museo.[139]

Personal idóneo

Para poder hacer su trabajo, además de Zeledón el Museo incorporó personal idóneo. Durante los 1890s, Juan José Cooper, George K. Cherrie

George K. Cherrie (c. 1930). Fuente: G. K. Cherrie, Dark Trails, Adventures of a Naturalist. *New York y London: G.P. Putnam's Sons, 1930.*

y Cecil F. Underwood fueron contratados como recolectores y taxidermistas.

Juan José Cooper (1843-1911) se incorporó al herbario pero también recolectó aves. Cooper nació en 1843, de padre inglés y madre tica. Como Zeledón, había sido empleado de von Frantzius en su botica y su ayudante para la recolección de especímenes, especialmente aves. Recolectó al menos tres especies o subespecies nuevas para la ciencia: el buco *Malacoptila panamensis*, el trogón *Trogon bairdii* y la paloma *Leptotila riottei*. Un búho, recolectado por Zeledón y descrito por Ridgway, lleva su nombre: *Otus cooperi*. Recolectó unas 200 especies de aves. No obstante, se dedicó más que todo a las plantas y era personal del herbario del MNCR.[140]

George Kruck Cherrie (1865-1948) trabajó como taxidermista y recolector entre 1889 y 1894, "tiempo durante el cual realizó un gran trabajo de colección y añadió mucho a nuestro conocimiento de la fauna del país", según Carriker.[141] Se presentó en sus escritos en inglés como "ornitólogo" y en sus escritos en español como "taxidermista del Museo Nacional de Costa Rica" o "zoólogo". Aprendió español y publicó dos estudios en ese idioma sobre las aves de Costa Rica, a saber: *Exploraciones zoológicas efectuadas en la parte meridional de Costa Rica por los años 1891-92* (1893) y *Exploraciones zoológicas efectuadas en el Valle del Río Naranjo en el año 1893. Aves* (1895).[142] En estos pequeños libros hace observaciones detalladas de aves vistas durante dos expediciones a Boruca, Térraba, Buenos Aires y Río Naranjo. Incluye descripciones de los pájaros, además de información sobre su hábitat, nidos y huevos. Indica no solamente los nombres científicos, sino también los comunes en español y, en algunos casos, sus nombres en el idioma indígena. No se limitó a pájaros; en su reporte del viaje a Río Naranjo, observó la situación ambiental:

> El camino de San Marcos á Santa María es deliciosamente umbroso y pintoresco en muchas partes de su extensión.—Pero hay que sentir que el bosque haya sido destruido casi por completo en muchas cuestas. De este modo estos lugares se convertirán pronto en estériles desiertos.[143]

Además publicó artículos en inglés en *The Auk* durante 1890, 1891, 1892, 1894 y los *Proceedings of the United States National Museum* en 1891 y 1893.[144] En uno de los artículos para el *Auk* describe el comportamiento de anidación del *Vireo flavoviridis* y nota la coincidencia con el comienzo de la estación lluviosa. Además explica:

> Tanto el macho como la hembra se encuentran siempre muy cerca del nido; el macho gorjea jubilosamente, pero se detiene a ratos para capturar algún insecto. Cuando algo los perturba o amenaza, estos pájaros permanecen bastante cerca, pero no expresan su preocupación. Usualmente se mantienen muy ocultos a la vista y emiten muy pocos silbidos, si algunos, como indicación de alarma.[145]

En una nota sobre el *Ramphocelus costarricensis*, Cherrie afirma que se quedó maravillado ante el "particularmente maravilloso canto" de este pájaro. Según Cherrie, este pájaro "es merecedor de tener un lugar de honor entre las aves canoras ... si el pájaro escoge una hora de la mañana y un lugar aislado para expresar su felicidad, la melodía no es nada menos que encantadora".[146] En una nota anterior, describió esta ave como especie nueva.[147] El nombre común en inglés del *Ramphocelus costaricensis*, lleva su nombre: Cherrie´s tanager.

En otro artículo del *Auk* de 1890, observó los peligros de la migración:

> La noche del 28 de septiembre, de 1889 [en San José], un gran número de pájaros murió al volar y chocar contra las líneas del cableado eléctrico. La noche estaba muy oscura y los pájaros que, evidentemente, estaban migrando, se desconcertaron por las luces eléctricas. Sus aterrorizados gritos se oyeron toda la noche, y, en la mañana, muchos pájaros muertos fueron recogidos en las calles. El hecho fue tan novedoso y notable que atrajo gran atención. Yo disequé treinta y cinco cuerpos de pájaros que estaban muertos en las calles, pero la mayoría de ellos

estaban demasiado mutilados para aprovecharlos como especímenes. Entre ellos detecté ocho especies, siete de las cuales eran migratorias.[148]

Los artículos del *Proceedings of the United States National Museum* en 1891 y 1893, son, más que todo, comparaciones de especímenes en las que Cherrie detalla características de color, medidas y aspectos morfológicos. En los textos se refiere frecuentemente a Zeledón, tanto a los especímenes que él había recolectado como a sus sugerencias y comentarios críticos sobre el contenido de los artículos.

Siempre tenía mucho interés en las costumbres de la gente común acerca de las aves, especialmente indígenas y afirmó que había aprendido mucho de ellos.[149] Algo que le llamó la atención en Costa Rica fue la tradición de los "peones cerca a Bebedero en la costa del Pacífico" que practicaban "el anillamiento" de zopilotes. Según Cherrie, esta gente colocaba pedazos de cuero, de formas diferentes, alrededor del cuello de los polluelos. Esto permitía que los lugareños reconocieran los zopilotes suyos, tanto los que se quedaban en el área como los que se iban a otras partes. Cuando Cherrie escribió, el anillamiento de aves por ornitólogos era técnica novedosa. Comenzó en 1909 en Estados Unidos, pero no fue sino hasta los 1920s que se usó en escala nacional. Mediante la costumbre cultural, Cherrie afirmaba la importancia ornitológica de la técnica para poder conocer los movimientos de las aves.[150]

Era de una personalidad directa y fuerte, y aun violenta, siempre en búsqueda de aventura. No obstante, mostraba una inclinación filosófica que lo llevaba a reflexionar no solamente sobre el sentido de su profesión como recolector de objetos naturales, sino sobre el propósito de la vida y afirmaba la importancia de tolerar ideas y costumbres diferentes especialmente las de los pueblos originarios. A pesar de ser científico, reclamó que frecuentemente tuvo "contacto con lo sobrenatural, o lo que quiera llamarlo", entendido como "un gran mundo invisible".[151] En todo fue reconocido como excelente taxidermista y ornitólogo. Luego de trabajar para el MNCR, trabajó como ornitólogo del Field Museum en Chicago y tuvo contratos con grandes museos como el de Brooklyn (Nueva York), el British Museum y el American Museum of Natural History de Nueva York. Participó en más de 40 expediciones, mayormente a América del Sur. Era miembro de la American Ornithologists´ Union y recibió otros reconocimientos en los Estados Unidos.[152]

En 1890, bajo la insistencia de Zeledón, el británico **Cecil F. Underwood** comenzó a recolectar especímenes para el MNCR y otros, especialmente en Europa. Carriker comentó respecto a Underwood, "Enormes cantidades de pájaros fueron enviadas a Inglaterra y a otras partes de Europa, sus pieles disecadas se encuentran en casi todas las colecciones importantes en Europa".[153] Solamente durante la última década de su vida, Underwood "depositó más de tres mil ejemplares de mamíferos en el American Museum of Natural History, a ese número habrá que agregar el número de aves recolectado".[154] Publicó en el *Ibis*, en 1896, una lista de aves recolectadas en el volcán Miravalles y descripciones de nuevas especies de Costa Rica y Guatemala. Esta lista contiene breves observaciones sobre el lugar y hábitat donde cada ave fue recolectada.[155] Luego en 1899, Underwood publicó para el MNCR una lista de 696 aves de Costa Rica, *Avifauna costarriqueña. Lista revisada, conforme á las últimas publicaciones.*[156] Esta lista no contiene notas u otras observaciones respecto a las aves.

Underwood es responsable por "el principal misterio de la ornitología de Costa Rica", según Stiles y Skutch. Se trata del *Amazilia alfaroana* [*Saucerottia alfaroana*], el colibrí Amazilia gorriazul o colibrí de Alfaro. Underwood recolectó este colibrí el 10 de setiembre de 1895 en un "punto muy alto", en el lado Pacífico del volcán Miravalles. Según Underwood, "Algo diferente sobre este pájaro me hizo dispararle; fue el único espécimen que pude conseguir". Underwood lo describió como especie nueva. En una nota al pie de la página, Osbert Salvin concurre: "Esta especie es bien distinta hasta donde puedo ver".[157] No obstante, nunca se ha podido recolectar ni observar otro ejemplo de la especie. Según Stiles y Skutch, difiere demasiado en coloración y pico para ser parte de la población sudamericana de especies parecidas como el *A. Cyanifrons* o *A. saucerrottei*; tampoco parece ser un híbrido.[158] No hay acuerdo hasta hoy en cómo debe ser clasificado ni aun si existe. Se supone que está extinto. No está incluido en la lista oficial de las aves de Costa Rica de la AOCR.

Después de 1901, Underwood no laboró para el MNCR pero mantuvo Costa Rica como lugar de residencia. Se dedicó a la venta de especímenes a los grandes museos pero también tuvo negocios en San José. Cuando Robert Ridgway estuvo en Costa Rica en 1905, Underwood negoció la venta de su colección completa de aves disecadas al United States National Museum. Estaba compuesta de 3.365 especímenes, de 611 especies y subespecies, mayormente de Costa Rica con algunas de Guatemala. Más tarde esta colección fue analizada por Outram Bangs.[159] Underwood se casó dos veces, vivió en San Pedro y Cinco Esquinas de Tibás. Murió en 1943 y está enterrado en San José.[160]

Abandono y renovación

Los trabajos de éstos y otros hicieron del MNCR un lugar de consulta obligatoria para cualquiera, extranjero o nacional, que se interesara por la avifauna del país y Centro América. En todo sentido, hasta la década de los 1930s, la colección de aves se constituyó en un centro importante de la ornitología del neotrópico.[161] No obstante, después del "ocaso de esta generación de investigadores, la colección ornitológica fue virtualmente abandonada".[162] Con la excepción del herbario, lo mismo sucedió con las otras colecciones de historia natural, lo cual redundó en la pérdida de material valioso. Entre 1940 y 1953, la colección de aves disecadas fue custodiada por la Universidad de Costa Rica, pero por el manejo inadecuado, la colección regresó al Museo donde tampoco recibió el debido manejo. Por mucho tiempo fue guardada en las bodegas de la carpintería y se mantuvo en cajas de cartón y estantes inadecuados.

Bajo el liderato de Luis Diego Gómez, durante los años sesentas, el Museo se revitalizó, incluyendo la sección de historia natural. En 1972, se fundó la revista *Brenesia*, publicación que se tornó de importancia para dar a conocer los resultados de las investigaciones del Departamento de Historia Natural, además de proveer espacio para publicar otras investigaciones. Ha sido un espacio para difundir información ornitológica pues, hasta recientemente (con la consolidación del *Boletín Zeledonia* de la Asociación Ornitológica de Costa Rica), ninguna otra revista nacional o regional había dedicado un espacio significativo a la ornitología.

No fue sino hasta los años 1980s cuando el Museo dio pasos concretos para proteger la colección de historia natural en la debida forma y convertir dicha sección y la ornitología en especial, en un centro de estudio para el país. En 1983, el nuevo curador de aves, Julio Sánchez, y poco más tarde junto con Daniel Hernández, se encargó de la ornitología en el Museo y bajo su supervisión la colección fue trasladada a salas más adecuadas. Los dos ornitólogos limpiaron y repararon las aves disecadas. Fueron etiquetadas y las organizaron en forma taxonómica. Luego en 1994, con la construcción del edificio actual, el Departamento de Historia Natural recibió un espacio nuevo y la colección de aves finalmente contó con curación adecuada con temperatura y humedad controladas.

La ornitología del Departamento de Historia Natural también es activa. Tiene dos ornitólogas de tiempo completo que mantienen programas de investigación y educación. Colaboran con las municipalidades y las escuelas. La mayor parte de sus observaciones e investigaciones están plasmadas en *Brenesia*, la revista del Departamento de Historia Natural. Además, organizan actividades y publican materiales sobre aves, dedicados al público en general. Como señalan Méndez y Monge, "Con marcados altibajos, el Museo Nacional ha sido un elemento central en la historia natural costarricense". [163]

Melbourne Carriker (c. 1902): Fuente: M. R. Carriker, Vista Nieve. Río Hondo, Texas: Blue Mantle Press, 2000.

Otros personajes significativos para la ornitología nacional

Otros personajes significativos para la ornitología nacional fueron Melbourne A. Carriker, Jr. (1879-1965) y Austin Paul Smith (1881-1948), estadounidenses que investigaron la avifauna de Costa Rica durante la primera parte de siglo XX.

Melbourne Armstrong Carriker Jr. tenía apenas 23 años cuando en 1902 se vino a Costa Rica con un profesor de la Universidad de Nebraska (Estados Unidos) y otro amigo estudiante, con el propósito de recolectar pájaros. Fue una experiencia tan formidable, que cuando los otros se marcharon después de seis semanas, Carriker se quedó en Costa Rica seis meses más. Exploró entre Limón, Guápiles y Puerto Viejo de Sarapiquí. Además de recolectar aves, durante este viaje se interesó por los piojos de los pájaros, el Mallophaga, que encontró entre las plumas. En años siguientes sería reconocido como experto en parásitos externos en las aves. Volvió a Estados Unidos el mismo año de su llegada, para continuar sus estudios en la Universidad de Nebraska pero siguió solamente un poco más de un año. Más bien, quería regresar al campo y recolectar especímenes. Había vendido pájaros disecados al Carnegie Museum en Pennsylvania y ese museo lo animó para hacer un estudio amplio de la avifauna de Costa Rica.

En 1903, Carriker, con dos amigos, se embarcó nuevamente para Costa Rica y se quedaría en el país hasta 1907. Durante este período trabajó la Cordillera Central hasta Guanacaste y Puntarenas, y al sur hasta Talamanca y el río Sixaola. También recolectó en la región de Térraba. Underwood lo acompañaba en algunas de sus giras. En dos ocasiones cuando necesitó recursos económicos, trabajó para la United Fruit Company y la General Electric Company de Limón. Cada vez regresó a recolectar aves. Contrató indígenas como cazadores, baqueanos y porteadores que lo acompañaron, y encontró hospedaje en las aldeas indígenas. Frecuentemente tuvo que comprar carne en vez de cazarla, porque aun en esos años los animales silvestres eran escasos. En fin, pudo recolectar centenares de especímenes para venderlos a museos en los Estados Unidos.

Hacia el final de 1907, entonces, regresó a su país y asumió la responsabilidad como asistente curador de aves en el Carnegie Museum en Pittsburg, Pennsylvania. El museo lo consideraba uno de sus mejores recolectores. Después de dos años, Carriker dejó el Carnegie y comenzó una larga vida de recolección que lo llevó a Trinidad y Venezuela, y luego a Colombia donde se estableció en una finca cafetalera; allí permaneció hasta 1927. Desde allí recolectaba extensamente en Colombia y otros países sudamericanos. Volvió a Estados Unidos, pero seguía recolectando en Perú, Bolivia y otros países para museos importantes. En 1952, se regresó definitivamente a Colombia. Murió en Bucaramanga en 1965.[164]

Carriker también era escritor prolífico de artículos científicos. Cuando estaba trabajando para el Carnegie Museum, en 1910 escribió una lista anotada de las aves de Costa Rica, incluyendo la Isla del Coco. Este trabajo extenso—más de 600 páginas—incluye descripciones detalladas de 753 especies, notas sobre su reproducción, anidación y huevos, basadas en sus propias observaciones, referencias a la literatura relacionada directamente con las aves de Costa Rica, discusiones sobre la geografía y distribución de la avifauna entre zonas de vida (con base en el esquema de Merriam[165]), migración altitudinal de algunas especies, una reseña de sus viajes de recolección y aun una historia de la ornitología en el país. Además de sus propias investigaciones en Costa Rica, examinó las colecciones existentes en Estados Unidos de aves de Costa Rica. Uno de los valores de la lista es que incluye la Isla del Coco. Aunque Carriker no visitó la isla, su síntesis del conocimiento acumulado hasta entonces fue una importante contribución al conocimiento de la avifauna de la isla, y les servía a investigadores posteriores. Su lista anotada es, sin duda alguna, el trabajo más exhaustivo sobre las aves de Costa Rica de su tiempo.[166]

Carriker disfrutó mucho su tiempo en Costa Rica. Aprendió español y se esforzó por adaptarse a la cultura nacional, en especial a la de los pueblos autóctonos. Manifestó profundo aprecio por la "bondad y hospitalidad" que, "recibí casi sin excepción, en toda parte de Costa Rica … la gente de los distritos rurales me trató con la más grande honestidad y respeto".[167]

A diferencia de los otros extranjeros que llegaron a Costa Rica para estudiar las aves, **Austin Paul Smith** se quedó, desde su llegada en 1919 hasta su muerte en 1948. Sólo en dos ocasiones dejó el país: una vez para ir a Cuba donde pasó varios meses durante 1924 y 1925 y luego a Panamá durante unos meses en 1927.

En Costa Rica recorrió muchas partes y durante los 1920s descubrió especies y subespecies nuevas, entre ellas *Había atrimaxillaris* (tangara hormiguera caringegra) y *Micromonacha lanceolata austinsmithi* (monjito rayado).[168] Entre 1920 y 1935 publicó una serie de notas breves sobre aves de Costa Rica.[169] Son de pocos párrafos pero reportan observaciones en diversos lugares o comportamientos novedosos. Se trata de observaciones del *Puffinus griseus* (pardela sombría) unos 80 kilómetros, mar adentro, de Puntarenas, de una colonia del tijo *Crotophaga ani* por el río Coto, del primer avistamiento de

Austin Paul Smith con un pelícano pardo recolectado en Costa Rica. Fuente: Stanley D. Casto y Horace R. Burke, Austin Paul Smith. The life of a natural history collector and horticulturist. Seguin, Texas: Print Express, 2010. La foto fue publicada originalmente en The Oologist, Julio de 1925.

Charadrius collaris (chorlitejo collarejo) en la costa del Pacífico o *Tangara guttata* (tangara moteada) en El General, que no se había conocido anteriormente en el Pacífico. Explica las circunstancias de la recolección del *Micromonacha lanceolata austinsmithi*, encontrado en Carrillo pero jamás observado desde entonces. Menciona *Seiurus noveboracensis* (reinita acuática norteña) como la primera ave migratoria que llega al país cada año. También describe al colibrí *Heliodoxa jacula* alimentándose con fruta en la falda del volcán Turrialba, la descomposición rápida de un saltator, algo que pensaba novedoso. En una nota describe al pájaro carpintero *Celeus castaneus* comiendo cacao, y relaciona el cultivo de este fruto con la expansión territorial del pájaro carpintero, pues "dondequiera que actualmente existen plantaciones esta ave se encuentra en abundancia, y esta es una ocurrencia conocida". Otras notas tienen que ver con la depredación de nidos.

Además de aves, recolectó mamíferos, anfibios y reptiles, incluyendo nuevas especies de roedores y lagartijas. Cerca de 1935 se estableció en Zarcero. Dejó de recolectar aves y animales y se dedicó exclusivamente a las plantas. En esto también fue muy exitoso. Solamente al Missouri Botanical Gardens (Saint Louis) envió cerca de 1.250 especímenes. Encontró especies y plantas nuevas para la ciencia que, por tanto, llevan su nombre. Asimismo, tenía un vivero en Zarcero que le proveía un ingreso limitado.

En los Estados Unidos fue ampliamente reconocido como naturalista y recolector. No obstante, desde 1941 pasó al olvido. Ya no seguía recolectando especímenes, dejó de percibir ingresos y sufrió la extrema pobreza. Vivía en una casa prestada. Al mismo tiempo se presentó cada vez más como extraño, solitario, con dificultad para hablar, y su conducta se percibía como aberrante, tanto como su costumbre de comer pájaros (por ejemplo tucanes), su forma de vestirse y la práctica de llenar su casa con animales muertos. (Como joven había sido muy sociable y provenía de una familia acomodada y culta). Finalmente, sufriendo de pelagra, fue llevado al Asilo Chapuí (San José) para los enfermos mentales donde murió el 31 de octubre de 1948. Fue enterrado en el cementerio Calvo en una tumba sin lápida u otra identificación.

El American Museum of Natural History lo considera uno de sus "ilustres", junto con otros que trabajaron en Costa Rica como George Cherrie y Melbourne Carriker. Como dicen los únicos que han investigado su vida, Austin Paul Smith "fue reconocido por la comunidad ornitológica y botánica como uno de los más distinguidos recolectores de los inicios del siglo XX".[170]

Aunque Carriker y Smith eran los personajes principales durante este período, había otros que también estudiaron y recolectaron pájaros en Costa Rica. Durante enero y marzo de 1908, por ejemplo, John Farwell Ferry, del Field Museum de Chicago, recolectó 178 especies de aves en Guayabo y el volcán Turrialba. En el "catálogo de aves de Costa Rica" que él publicó, además de describir las aves, comenta la gran hermosura del área y sobre todo de las haciendas de Turrialba con sus grandes y frondosos árboles en los espaciosos jardines. Éstos, nota Ferry, "constituyen una parte importante en la vida de las aves de la región. La copa de cada árbol, un pequeño bosque en sí misma, atrae al anochecer una gran cantidad de aves, que vienen a posarse para pasar la noche. Cerca del atardecer estas copas de los árboles parecen casi vivas por los pájaros".[171] Antes de llegar a Costa Rica, Ferry recolectaba aves en el norte de Sudamérica. Entre abril y mayo de 1914, Lee Crandall y Donald Carter de la New York Zoological Society también recolectaron alrededor de Guápiles, más de 300 mamíferos, aves, reptiles y anfibios vivos para el parque zoológico. En su informe, Crandall comentó 25 especies de aves.[172] Durante los siguientes años el interés en las aves de Costa Rica mermó, pues "expertos ornitológicos creían que la avifauna costarricense ya estaba ampliamente investigada".[173] No obstante, investigadores extranjeros seguían recolectando especímenes en el país. Por ejemplo, en 1930 una expedición de Austria, con el ornitólogo Moritz Sassi, trabajó en Puerto Jiménez (Osa) y recolectó aves para el Museo de Historia Natural de Viena.[174] El interés en las aves de Costa Rica surgió nuevamente durante los 1960s y 1970s, en buena parte gracias a la formación de la OET. Sus estaciones biológicas y programas educativos atrajeron investigadores—especialmente estudiantes—que, como aspecto normal de su trabajo ornitológico, recolectaban especímenes.[175]

Colecciones de aves de Costa Rica

Como resultado de este extenso período de recolección, como mínimo hoy se encuentran 66.896 especímenes y 440 tipos de aves de Costa Rica, conservados en museos del exterior, más 14.576 que se albergan en Costa Rica. Es decir, 81.472 aves de Costa Rica, mayormente en pieles, pero también esqueletos y tejidos, que están como especímenes en museos de historia natural. Están ubicadas en 46 museos en ocho países, aunque el

70% se concentra en solamente 10 museos de Estados Unidos. Con la excepción de una especie y de dos subespecies, no se encuentran holotipos en Costa Rica. En todo caso, las cifras son inexactas porque no tenemos datos completos de varios museos europeos importantes. Es evidente que Costa Rica ha contribuido grandemente al conocimiento ornitológico. Estos especímenes de Costa Rica han posibilitado el gran conocimiento que tenemos hoy no sólo sobre la avifauna nacional, sino la neotrópica.[176]

Muchas de estas colecciones de museos se originaron como colecciones privadas. Ya he mencionado a Outram Bangs y George Lawrence que donaron sus colecciones al American Museum of Natural History y a Harvard. Como indiqué en páginas anteriores, coleccionistas privados pagaron excelentes precios por especímenes de aves y frecuentemente mantenían en su empleo a recolectores particulares. Este fue el caso de Austin Paul Smith, que tenía contratos con coleccionistas en los Estados Unidos, como el magnate del azúcar Henry O. Havemeyer. La colección de aves de la Universidad de California Los Ángeles (UCLA) fue recolectada mayormente en Costa Rica durante los 1920s, casi exclusivamente por Smith, empleado de Donald R. Dickey, que donó su colección a la universidad en 1940. La colección de aves del Occidental College (Los Ángeles, California) fue donada por Robert T. Moore en 1950. Moore empleó recolectores y, entre ellos, a Cecil F. Underwood. Frecuentemente, estos coleccionistas también recolectaban huevos y nidos. Asimismo, los recolectores privados suplían especímenes a los museos de historia natural. Los nombres de Smith y Underwood figuran prominentemente entre la lista de recolectores de pieles del American Museum of Natural History. Otros museos también se beneficiaron con recolectas de personas relacionadas con el museo mismo, como Carriker y el Carnegie Museum of Natural History, o el United States National Museum mediante el aporte de José C. Zeledón. No fue sino hasta mucho más tarde que los países comenzaron a exigir rigurosamente permisos para la recolección (aunque en Costa Rica el primer intento data de 1918). Antes de eso, recolectaban sin controles, según el vaivén del mercado de objetos naturales y las exigencias de algunos investigadores. En años recientes se depende de recolecciones de estudiantes e investigadores que estudian ciertas especies o hábitats, ya con los debidos permisos. El MNCR, por ejemplo, aumenta su colección mediante la recolecta por parte de funcionarios y la donación de aves muertas en las calles o que se han estrellado contra ventanas.

Colecciones en Costa Rica

En Costa Rica se encuentran dos colecciones científicas de aves: la del Museo Nacional de Costa Rica y la del Museo de Zoología de la Universidad de Costa Rica. (El Museo de Ciencias Naturales La Salle exhibe 1.400 aves disecadas, entre ellas alrededor de 800 de Costa Rica; el museo no tiene registrado el número exacto, y tampoco tiene programa de investigación). El MNCR tiene un total de 10.476 especímenes, que se dividen entre 8.625 pieles, 1.041 esqueletos, 491 huevos y 319 nidos.[177] Representan el 80% de las especies nacionales. En la colección se encuentran pocos holotipos; algunos que una vez integraban la colección ya no están y se pensaba que el Museo no tenía ninguno de ellos. Como indiqué, en 1888 José Zeledón depositó en el Museo el paratipo de la *Aramides cajaneus* (hembra), pero la piel ha desaparecido; el holotipo está en el United States National Museum. No obstante, se ha podido comprobar que la colección contiene cinco holotipos de *Ramphocelus costaricensis*. Esta especie fue descrita por George Cherrie en 1891, con base en seis ejemplares recolectados por José Zeledón en 1887 y 1889, en Pozo Azul, Puntarenas.[178] Se desconoce el paradero de la sexta piel. Además, Cherrie describió nuevas especies o subespecies de *Myrmeciza, Mionectes* y *Grallaria* con base en ejemplares de la colección del Museo.[179] Algunos de los ejemplares que servían como holotipos de la subespecie *Myrmeciza exsul [immaculata] occidentalis*, se han podido encontrar en la colección, pero hoy los otros no se encuentran en el MNCR. Los holotipos de *Grallaria y Mionectes*, aunque inscritos en la colección del MNCR, fueron transferidos al United States National Museum (Smithsoniano) para su estudio y hasta hoy siguen en Washington, D.C. Cherrie también describió una nueva especie de *Chordeiles* pero el holotipo era de su colección personal.

En cuanto al holotipo de la *Amazilia alfaroana*, recolectado y descrito por Underwood en 1895, el MNCR lo envió a Londres para su estudio y sigue en la colección del Museo de Historia Natural. Como en el caso de la desaparición del *Aramides, Myrmeciza*, la sexta piel de *Ramphocelus* y otros, la desaparición de especímenes del MNCR se debe al descuido que la colección sufrió a partir del final de la década de 1930. Como sabemos, la colección de aves fue totalmente abandonada durante casi 50 años, hasta 1983 cuando Julio Sánchez y Daniel Hernández, nuevos curadores de aves del Museo, la rescataron. Hoy la colección, cuidadosamente curada, está disponible al público para su consulta, vía el sitio de la internet del Museo (http://ecobiosis.museocostarica.go.cr/) o por arreglo personal.

El Museo de Zoología de la Universidad de Costa Rica cuenta con una colección de aves desde su inicio en 1966. Sin embargo, fue durante la década de 1970 que Gary Stiles le dio importancia y supervisó su ampliación. Hoy la colección contempla 4.100 especímenes de 768 especies, que representan el 92% de las existentes en el país. Dicha colección incluye el holotipo de la subespecie *Phainoptila melanoxantha parkeri*. Se reconoce que las colecciones "son patrimonio científico, cultural e histórico" de la UCR y Costa Rica.[180] No obstante, la base de datos de esta colección no está disponible para consultas sin arreglo previo.

Descripciones científicas de los holotipos

Relacionada con las colecciones de aves está la autoría de las descripciones científicas de los más de 400 holotipos provenientes de Costa Rica. Como ya indiqué, éstas tampoco han sido producidas por costarricenses, con tres notables excepciones. Además de la descripción del *Aramides cajaneus* que Zeledón publicó en 1892 y la descripción de Alfaro del búho *Aegolus ridgwayi* en 1905, en 2000, Gilbert Barrantes y Julio Sánchez describieron la subespecie del *Phainoptila melanoxantha parkeri* en el *Bulletin of The British Ornithological Club*. Las primeras descripciones de holotipos de Costa Rica fueron preparadas por Jean Louis Cabanis de Berlín y John Gould de Londres, ambos reconocidos ornitólogos de su época. Luego, Cherrie, mientras trabajaba en el MNCR entre 1889 y 1894, describió varias especies nuevas. Estas descripciones se publicaron en inglés en los Estados Unidos, pero Cherrie reprodujo, en español, tres de ellas (*Ramphocelus*, *Myrmeciza* y *Grallaria*) como un solo artículo en los *Anales del Instituto Físico-Geográfico y del Museo Nacional de Costa Rica* III en 1892.[181] Underwood hizo una breve descripción del colibrí de Alfaro. No obstante, Robert Ridgway, de la Institución Smithsoniana de Washington, D.C., preparó la gran mayoría de las descripciones de los holotipos provenientes de Costa Rica. Aunque frecuentemente Ridgway lo hizo en consulta con Zeledón, la autoría formal quedó en nombre de Ridgway.

Colecciones como patrimonio

Las colecciones en los museos proveen mucha historia ornitológica. Indican quiénes eran los recolectores y ornitólogos, los períodos y lugares históricos de recolección y, por tanto, de estudio ornitológico. Además, muestran el desarrollo de las colecciones y por ende de las instituciones y los profesionales en ornitología, más las redes de cooperación y aspectos de interés científico como cambios en nomenclatura.[182] El custodio de especímenes, especialmente holotipos, también custodia mucha historia y, por tanto, apropia y mantiene el patrimonio de la ciencia. En este sentido, las colecciones demuestran las relaciones de poder: quiénes eran los recolectores, quiénes los patrocinadores, quiénes los beneficiarios tanto económicos como intelectuales, como también quiénes eran los dueños de ellas y, claramente, quiénes tienen acceso directo a ellas. Son patrimonio costarricense no solamente porque provienen del país, sino porque son manifestaciones materiales del legado científico, histórico y cultural de Costa Rica. En fin, como afirma Smith, las colecciones de aves se deben entender "no solamente como material de referencia científica, sino también como artefactos importantes de nuestra herencia cultural".[183]

Empezando con la conservación y protección de las aves

Al entrar en el siglo XX, naturalistas en Costa Rica se dieron cuenta cada vez más de una emergente problemática ambiental que afectaba a las aves. Como hemos visto, Cherrie menciona el problema de la deforestación y Carriker indica que la vida silvestre estaba escasa en algunos lugares. Además, desde el interior del Instituto Físico-geográfico, se generó una creciente preocupación ambientalista de "conservacionismo utilitario", articulada especialmente por Henri Pittier.[184] En este contexto, el suizo Paul Biolley, entomólogo y funcionario del MNCR, escribió en 1902 un apasionado artículo en pro de la protección de las aves. Su propósito fue promover legislación que protegiera a los pájaros. Inicia con un breve recuento de los esfuerzos legales proteccionistas de las aves en Europa y los Estados Unidos, enfatizando el valor de las aves para la agricultura y la necesidad de asegurar poblaciones de aves silvestres para la cacería. De allí señala tres grupos de aves para fines legislativos: "Especies que deben protegerse en todo tiempo ... Especies que pueden matarse en ciertas estaciones para la alimentación ó el *sport* ... Especies que deben excluirse de toda protección ...". Explica: "Las primeras son las aves insectívoras, canoras y granívoras útiles; las segundas, las aves de cacería; y las terceras, las aves granívoras nocivas y de rapiña". El grado de protección debería ser diferente según especie y grado de nocividad o benignidad.

Señala especialmente la necesidad de protección para especies "comerciales". Según Biolley, "en primera línea" estaba la garceta grande (*Ardea alba* [1902: *Ardea egretta*]), apetecida por los cazadores comerciales de exportación por las largas y finas plumas de los machos, usadas para la "fabricación de los grandes penachos ... que se venden a precio sumamente alto".

> Calcúlase que, para una libra de este valioso artículo, es menester matar unas doscientas garzas; pero sabemos de fuente segura que esta cifra debe duplicarse y aun triplicarse, porque hay que hacer entrar en la cuenta las hembras que se matan por equivocación, --pues los dos sexos no presentan diferencias á larga distancia,--y los individuos de pluma defectuosa. ¡Cuánto censura no merecen estas matanzas de aves inofensivas, adorno pintoresco de las riberas de los ríos y de las verdes praderas en tierra caliente!

También menciona "otras aves que se destruyen sin misericordia por su vistoso plumaje" como el quetzal y los colibríes. Esta crítica Biolley la coloca en el marco de la posible extinción de especies.

> Al paso que los pretendidos naturalistas y coleccionistas, que á menudo piensan solamente en hacer pingüe negocio, en la persecución de estas hermosas aves, pronto acabarán con ellas, y las descripciones actuales de la naturaleza tropical, con la clásica evocación del picaflor de alas de esmeralda y garganta de rubí ó turquesa volando alrededor del cáliz purpúreo del hisbisco, pasarán por invenciones de viajeros de imaginación oriental.

Explica que especies como quetzales y colibríes estaban "amenazadas de desaparecer del territorio de la República ...". También condena "la venta de pájaros enjaulados, cuando éstos son incapaces de vivir en la esclavitud." Observa que se vendían muchos pájaros en los mercados de San José.

Además de legislación para proteger a las aves, reclama la necesidad de educación acerca de ellas. Esta es muy importante, dice Biolley, para inculcar valores sobre la vida de los pájaros en los niños y las niñas pues, "hagámosles ver que el sentimiento materno existe en los pájaros lo mismo que en los seres humanos y que, por consiguiente, la destrucción de los nidos es un crimen tan atroz como la de los hogares".

Termina el artículo proponiendo aspectos generales para un marco legal, como la prohibición del "uso de las hondas elásticos ó flechas que emplean los niños para matar avecillas y…romper vidrios", además la prohibición de caza de ciertas especies y en zonas definidas o que no son aptas para jaulas. También propone controles para cualquier tipo de caza de aves o la exportación de aves disecadas y las plumas. [185]

Según Mario Boza: "Para el principio del siglo XX ya era reconocida la extraordinaria riqueza biológica del País".[186] Desde años anteriores Costa Rica promulgaba decretos legales y leyes ambientales, mayormente para proteger recursos forestales y cuencas hidrológicas.[187] Fue en ese contexto histórico que Biolley publicó su artículo. No obstante, no fue sino hasta "octubre de 1918 [que] se decretó la primera ley relacionada con la protección de las aves".[188] Según esta ley:

> Artículo 1. Las aves insectívoras se considerarán benéficas a la agricultura nacional y deben protegerse, impidiendo por medio de las autoridades de policía que se las mate, se las aprisione o se les quiten sus nidos.
>
> Artículo 2. Quedan bajo el amparo de esta ley las aves migratorias, excepto los piuses (*Spiza americana*) por los daños que causan en los arrozales y plantaciones de trigo.
>
> Artículo 3. Entre las aves nacionales deben protegerse durante todos los meses del año: las pequeñas cazadoras de insectos, los colibríes, zoterrés (sic), golondrinas, vencejos, el zopilotillo, cuyeos, el pecho amarillo (*Tyrannus melancholicus*) y demás pájaros que se alimenten tan solo de insectos.
>
> Artículo 4. Es absolutamente prohibido matar las rapaces nocturnas y las diurnas que se alimentan de serpientes, taltuzas, ratas y roedores pequeños, como las lechuzas, búhos, el guaco, el cacao y el camaleón.
>
> Artículo 5. Para las aves de cacería como pavas, chachalacas, perdices, palomas, codornices, patos y otras aves de mesa, queda prohibido matarlas durante los meses comprendidos entre abril a julio inclusive, destinados por la naturaleza a la cría de sus polluelos.[189]

Además incluía el requisito de obtener permiso para la investigación científica: "Artículo 7°. Los gobernadores de provincia podrán otorgar permisos especiales para la caza de estas aves [rapaces diurnas y nocturnas], por tiempo limitado, cuando se trate de colectar para estudios científicos o para el servicio de los museos escolares". Se puede ver que muchas de las ideas de Biolley están incorporadas en la ley. Boza resalta la importancia de que esta ley reconozca el valor de las aves para la agricultura y de que contenga vedas para algunas especies[190].

En conclusión, es evidente que, para la ornitología costarricense, este fue un período muy productivo. Desde mediados del siglo XIX hasta más o menos 1920, se estableció el carácter evolutivo fundamental de la avifauna, se determinó una lista de la mayoría de las especies que se encuentran en el país y se aprendieron aspectos básicos del comportamiento avícola y en cuanto a la ecología. Aun se cayó en la cuenta, aunque en forma incipiente, de la vasta problemática ambiental y se logró legislación que protegiera a las aves. Costa Rica fue claramente un centro de la ornitología neotropical.

Capítulo III
HACIA UNA NUEVA ORNITOLOGÍA COSTARRICENSE

Período tercero: 1940-1990

Durante los siguientes cincuenta años a partir de 1940, la ornitología en Costa Rica tomó nuevas direcciones. Tres investigadores establecieron las bases de los conocimientos actuales de la avifauna costarricense. Se trata de Alexander F. Skutch, Paul Slud y F. Gary Stiles. Además, se produjo el comienzo de la ornitología basado en esfuerzos generados desde el país mismo.

Alexander F. Skutch (1904-2004)

Por su larga vida y su voluminosa producción ornitológica, Alexander F. Skutch es merecidamente reconocido como "el decano" de la ornitología neotropical. Después de vivir en Panamá, Honduras y Guatemala, este estadounidense se instaló definitivamente en Costa Rica en 1941, donde se quedó hasta su muerte en 2004. Adquirió una finca en El Quizarrá, cerca de San Isidro de El General de Pérez Zeledón y la convirtió en modelo ecológico, tanto por sus prácticas agroecológicas como por sus esfuerzos conservacionistas. Desde allí hizo múltiples estudios de la avifauna.

Sin duda, su mayor logro son los tres volúmenes de historias de la vida de las aves centroamericanas, trabajo sin paralelo actual.[191] Además, produjo conocimientos importantes sobre la vida cotidiana de las aves migratorias durante su estancia en América Central, la reproducción y anidación de especies residentes, la dispersión de semillas por parte de las aves, cómo duermen y la inteligencia que poseen.[192]

Entre sus aportes más destacados está su aporte de las razones que explican las diferencias de tamaño de las nidadas entre las aves neotropicales y las de la zona norte, y el comportamiento cooperativo entre algunas especies neotropicales. Destacó la alta depredación y la pequeña

Alexander Skutch. Fuente: Centro Científico Tropical.

diferencia entre las estaciones en el neotrópico húmedo en contraste con Norteamérica, como factores que explican la diferencia de tamaño de las nidadas:

> El esfuerzo reproductivo moderado de las aves neotropicales se ajusta a la baja mortalidad anual en un clima que no fuerza a las aves a enfrentar una estación de escasez y "stress", a no ser que participen en migraciones riesgosas. Más aún, la gran incidencia de depredación en los nidos hace ventajoso limitar el gasto de energía en una nidada, de manera que si falla, aún quedarán con fuerzas suficientes para intentarlo nuevamente. Asimismo, cuánto más pequeña sea la nidada, menor será la cantidad de visitas para alimentación que podría revelar la posición del nido a los depredadores.[193]

Entre las varias especies neotropicales, encontró más de 20 que se ayudan mutuamente en la anidación y el cuidado de los pichones. Generalmente los ayudantes están emparentados pero no son reproductores. Especies, como la monja frentiblanca (*Monasa morphoeus*), comparten las tareas de la construcción del nido y la alimentación de los pichones, y en el caso de los tijos (*Crotophaga sulcirostris*): "todos los tijos cooperadores incuban estos huevos por turno, y todos alimentan y cobijan a los pichones, pero sólo un macho cuida el nido cada noche".[194] Skutch nota que tal ayuda no es necesaria porque los padres son capaces de mantener el nido por sí solos. Más bien, concluye que "[s]u cooperación voluntaria resulta de los lazos estrechos que vinculan a las familias después de que los jóvenes son capaces de mantenerse a sí mismos".[195]

Asimismo, en 1977, escribió *Aves de Costa Rica*,[196] con fotografías a colores del reconocido fotógrafo John Dunning. El libro de más de 200 páginas, presenta 100 especies comunes, con descripciones e información sobre su vida y extensión territorial. También introduce aspectos de ornitología básica como las características de los pájaros, la clasificación y los nombres de las aves, y plantea algunas orientaciones ecológicas como las zonas de vida y la protección de las aves. Para ayudar al disfrute de la avefauna, Skutch incluye unos párrafos sobre cómo estudiar a los pájaros. El libro es para el público general y es el primer libro sobre las aves de Costa Rica publicado en español en el país.

Skutch se concentró en las historias de la vida de las aves con base en la cuidadosa y rigurosa observación en el campo. Podía pasar largas horas y muchos días observando un nido desde un pequeño escondite. Tomaba copiosos y meticulosos apuntes, ricos en detalles, siempre en contextos naturales. También tenía posiciones filosóficas definidas que orientaban su trabajo ornitológico. A diferencia de casi todos los ornitólogos antes de él, Skutch rechazó recolectar aves porque el principio de *ahimsa* o no dañar la vida, orientaba su vida. Reclamaba que era necesario respetar la dignidad del pájaro, así que aun se negaba a usar redes de niebla.[197] Según criterio de Gary Stiles, "[l]a larga serie de estudios sobre la biología de la reproducción y la historia natural de las aves de Costa Rica de Skutch, son inigualados en los trópicos del Nuevo Mundo y, nos proporcionan el punto de partida y el estímulo para estudios modernos de ecología y de comportamiento".[198]

Skutch nació en 1904 en Baltimore, Maryland (Estados Unidos) y recibió el doctorado en botánica en 1928 de la Universidad de Johns Hopkins. En ese año fue a Almirante, Panamá. Mientras que investigaba la hoja de banano, se fascinó por el colibrí *Amazilia tzcatle* que construía un nido frente a la ventana de su laboratorio. La experiencia volvió su vida hacia los pájaros. Nunca dejó las plantas, pues se ganaba la vida mediante contratos de recolección de ellas, pero se dedicó con pasión a las aves durante el resto de su vida.[199] Además de estudiar las aves, enseñó (en 1964) un curso sobre ornitología durante un semestre en la Universidad de Costa Rica. También fue uno de los fundadores de la AOCR y mantenía una larga relación con el Centro Científico Tropical (CCT). Mediante sus muchos libros y artículos, hizo que Costa Rica estuviera muy presente en el mundo ornitológico. No obstante, aunque escribió mucho, sólo produjo un libro en español sobre las aves (aunque otros han sido traducidos en años posteriores) y, a pesar de que enseñó brevemente en la UCR, realmente no estaba dedicado a la preparación de nuevos ornitólogos. Vivía algo apartado de la vida costarricense, y se quedaba más que todo en su finca donde podía estudiar las aves.

Paul Slud (1919-2006)

Paul Slud, ornitólogo del American Museum of Natural History y la Institución Smithsoniana, investigó la avifauna de Costa Rica entre 1950 y los 1970s. En muchos respectos, Slud asentó la base de los conocimientos actuales sobre las aves de Costa Rica. Durante su primer viaje al país investigó diferentes tipos de hábitats de las aves como parte de una investigación patrocinada por el ejército estadounidense.[200] En viajes subsecuentes, financiados mediante becas otorgadas para proyectos de investigación específicos, se dedicó a estudiar la distribución y la ecología de las aves y la relación entre aves y la vegetación y el clima. En total, pasó siete años en Costa Rica.[201] Produjo cuatro libros claves para la comprensión de la avifauna de Costa Rica: *The Birds of Finca La Selva, Costa Rica: A Tropical Wet Forest Locality* (1960)[202]; *The Birds of Costa Rica: Distribution and Ecology* (1964)[203]; *Birds of the Cocos Island* (1967)[204] y *The Birds of the Hacienda Palo Verde, Guanacaste, Costa Rica* (1980).[205] Desafortunadamente ninguno de estos trabajos ha sido traducido al español.

Paul Slud. Fuente: Smithsonian Institution.

Hasta su investigación en la Finca La Selva—hoy Estación Biológica La Selva de la Organización para Estudios Tropicales (OET)— poco se conocía acerca de la avifauna de la región. Las suyas representan las primeras observaciones formales en Sarapiquí. Durante visitas entre 1953 y 1955, y luego un año entre 1957-1958, Slud identificó 331 especies de aves. Su libro, *The Birds of Finca La Selva, Costa Rica: A Tropical Wet Forest Locality,* además de proveer una lista comentada, se enfoca en los movimientos y la distribución de la avifauna en relación con el hábitat. Contiene extensas discusiones sobre el ambiente natural, como geografía, clima y vegetación. El interés que hila su investigación es el hábitat y sus implicaciones para la conducta de las aves. Su propósito fue hacer un "estudio de la vida natural no perturbada de las aves".[206] Este libro se aparta de los intereses taxonómicos y sistemáticos tradicionales de la ornitología, para destacar dimensiones ecológicas de la avifauna.

The Birds of Costa Rica: Distribución and Ecology, explica Obando, se convierte "en el documento base y más actualizado de la época, y elemento fundamental para la siguiente generación de listas de aves de Costa Rica".[207] Fue la primera lista de las aves de Costa Rica desde la de Carriker de 1910. La lista de Slud presenta 758 especies. Según Slud mismo, el libro es "una lista de control con anotaciones y con una distribución enfocada desde una perspectiva ecológica". Basada enteramente en sus propias observaciones de campo, "el objetivo era conocer a fondo la naturaleza propia de las actividades cotidianas de las aves".[208] Slud organiza la biogeografía del país en cuatro "zonas de avifauna": la cuenca norte del Pacífico; la cuenca sur del Pacífico; el Caribe; y las alturas de Costa Rica-Chiriquí. Incluye listas de aves que corresponden a cada zona y, para explicar la relación de avifauna y hábitat, utiliza el sistema de zonas de vida de Holdridge y Tosi. Agrega una extensa discusión sobre "fajas altitudinales" y sus implicaciones para la distribución de las aves.

Slud puede ser el primer ornitólogo que realizó un estudio serio—investigación de campo-- de las aves de la Isla del Coco. En 1963, pasó tres meses en la isla. Su libro, *The Birds of the Cocos Island*, "estableció la fauna ornitológica (lista comentada) de la Isla del Coco", según Montoya, que sirve como referencia base de toda lista posterior.[209]

Aunque Alexander Wetmore hizo un breve estudio de las aves de Guanacaste en 1944,[210] los estudios del bosque seco tropical de Slud fueron pioneros, los primeros para toda Centroamérica. El propósito de *The Birds of Hacienda Palo Verde, Guanacaste, Costa Rica*, según el Resumen, es "proveer un punto de referencia para comparar la avifauna o las condiciones ambientales entre localidades similarmente conocidas de cualquier parte de la América tropical". Incluye una lista anotada de todas las especies conocidas en el área hasta 1975. Condujo su investigación de campo entre 1969 y 1975.

Slud estudió en la City College of New York y recibió su doctorado en zoología de la Universidad de Michigan en 1960. Murió de cáncer en Virginia (Estados Unidos) a la edad de 87.

F. Gary Stiles (n. 1942)

Durante los casi 20 años que Gary Stiles vivió en Costa Rica, desarrolló una influencia formidable y, en mucho sentido, catalizó la ornitología nacional. Mientras estudiaba para su doctorado en la Universidad de California, Los Ángeles (Estados Unidos), visitó Costa Rica para asistir a un curso de ecología tropical ofrecido por la OET. Aunque estaba investigando colibríes norteamericanos para su tesis doctoral, decidió hacer todo lo posible para regresar a Costa Rica y conocer sus colibríes. Pudo pasar partes de 1968 y 1969 en el país. Al terminar su doctorado en

1970, obtuvo una beca Chapman del American Museum of Natural History que le permitió estar en el país la mayor parte del tiempo entre 1970 y 1972. Así comenzó una prolongada estadía en Costa Rica.[211]

Desde 1972, Stiles comenzó a anillar aves en Costa Rica y llevó a cabo otras investigaciones ornitológicas. El año siguiente, se vino—más bien, "se me quedé", explica Stiles-- definitivamente para Costa Rica y se incorporó como profesor en la Escuela de Biología de la Universidad de Costa Rica (UCR). Desde allí promovió el interés en la ornitología mediante cursos e investigación en dicha especialidad, enfocando el comportamiento animal y la ecología. En 1976, asumió la supervisión de la colección de aves del Museo de Zoología de la UCR y activamente recolectó durante los años siguientes, con lo que reforzó en mucho el valor del Museo para la ornitología nacional. Además, se relacionó con costarricenses, como Julio Sánchez, quien era su primer estudiante y luego colega, y juntos llevaron a cabo investigaciones de campo. Se comprometió con la conservación y se hizo figura central del capítulo local del Consejo Internacional para la Preservación de las Aves (CIPA). De gran importancia para la ornitología nacional fue su colaboración con la maestría ofrecida por la Escuela de Biología de la UCR. Como profesor, Stiles guiaba las tesis sobre ornitología de una buena parte de la primera generación de ornitólogas y ornitólogos costarricenses; entre ellas y ellos: Carmen Hidalgo (1986); Ana Isabel Pérez (1990); Gilbert Barrantes (1990); y Ghisselle Alvarado (1992). También guiaba a estudiantes extranjeros.

Gary Stiles. Museo de Zoología de la Universidad de Costa Rica. Fuente: Museo de Zoología de la UCR, cortesía de Gilbert Barrantes.

Mientras estaba en Costa Rica, elaboró escritos de mucha importancia. Para usar como el texto de su curso de ornitología, en 1978 preparó el libro, *La ornitología, un folleto de enseñanza,* de 88 páginas.[212] Incluye una lista de aves "cuyas ocurrencias han sido establecidas con confianza, hasta mayo de 1976: un total de 804 especies", más 11 adicionales hasta 1978. El texto introduce la avifauna de Costa Rica, describe las zonas avifaunistas, el tipo de hábitat de cada zona y las especies de aves que son comunes a cada una, junto con información sobre aspectos ecológicos y de reproducción. El libro presenta los órdenes de las familias de aves que se encuentran en Costa Rica, describe su anatomía externa e interna (con dibujos del mismo Stiles) e incluye descripciones de las especies, útiles para identificarlas. La bibliografía demuestra la influencia de Slud en esa etapa de la ornitología nacional. Aunque se dio a conocer en forma rústica (mimeografiado), debe ser el primer libro de la ciencia ornitológica publicado en el país. Dos años después, en 1980, junto con James Lewis (ornitólogo y guía de aves residente permanente en Costa Rica), presentó una lista de las aves de Costa Rica.[213] Luego, su síntesis profunda y desarrollo propio del conocimiento de la avifauna de Costa Rica, que publicó en la obra comprensiva, *Historia Natural de Costa Rica*[214], es el aporte más importante a la comprensión de las aves de Costa Rica desde los escritos de Slud. En este ensayo, Stiles, según sus propias palabras, "trata de mostrar un amplio esquema de la ecología y evolución de la avifauna de Costa Rica, con particular atención a nuevos enfoques, nuevas preguntas".[215] Incluye un nuevo listado de 848 especies de aves. La lista está seguida por amplios comentarios sobre especies selectas. Stiles es el autor de varios de los comentarios, como también otros colaboradores extranjeros radicados en Costa Rica: Skutch, Susan Smith, D. H. Janzen y G. V. N. Powell. (No incluye costarricenses entre los colaboradores). Durante su tiempo en Costa Rica, Stiles publicó artículos especialmente sobre la ecología de colibríes, la taxonomía de la Heliconia (con G. Daniels), las relaciones planta-ave, y la taxonomía y la distribución de aves costarricenses.

Sin duda el escrito de mayor importancia, especialmente por sus efectos en el público general, es la *Guía de Aves de Costa Rica* que Stiles preparó junto con Skutch.[216] Este libro, que los autores prepararon durante el transcurso de 27 años, incluye la historia natural de 840 especies y combina la gran erudición ornitológica de ambos ornitólogos. Sigue como modelo el libro de Skutch de 1977, y contiene información sobre la geografía y el clima, los hábitats, y generalizaciones sobre la avifauna y su conservación. Los datos de tamaño y coloración se obtuvieron de especímenes en el Museo de Zoología de la UCR y el Museo Nacional de Costa Rica. La alimentación fue determinada mediante observación en el campo y el estudio de contenidos de estómagos de aves recolectadas por Stiles. Las indicaciones de movimiento y territorios fueron amparadas por los datos de anillamiento colectados especialmente por Stiles. Los estudios de los hábitos de anidación y reproducción dependían mucho de las observaciones de Skutch y del examen de los órganos reproductivos de los especímenes en el Museo de Zoología. Ornitólogos y guías de aves costarricenses como Gilbert Barrantes, Rafael Campos, Carlos Gómez, Ana Pereira, Julio Sánchez y Ricardo Soto, entre otros, estaban involucrados, en formas diferentes, en la preparación del volumen. Lo que resultó es una síntesis investigativa original y así una contribución nueva a la ornitología de Costa Rica. Además, por primera vez, esta guía pone al alcance del público general un listado de las aves de Costa Rica, con información sobre su vida con dibujos (de Dana Gardner) para identificarlas. Según Ghisselle Alvarado, ornitóloga del MNCR, este libro "cambió la vida" de las muchas personas interesadas en las aves, "porque fue la primera herramienta que tuvieron muchos costarricenses para empezar solos o en pequeños grupos a conocer las aves y lanzarse en este boom" de la observación de aves.[217] Esta obra, traducida al español, posibilitó la ornitología como afición popular. Asimismo la ornitología científica fue grandemente reforzada.

Con mucho sentido se puede hablar de la ornitología costarricense antes de Stiles y después de Stiles. Antes de él, la ornitología era exclusivamente asunto de extranjeros que pasaban períodos en el país para hacer sus investigaciones, pero luego regresaban a su país de origen. Con Stiles la historia de la ornitología pasa a otra etapa. Él se trasladó a Costa Rica y convivió dos décadas en el país (y luego siguió colaborando con tesis durante cinco años más); no fue visitante sino residente. Con su dinámica vigorosa y visión, despertó interés ornitológico en el interior mismo del país; sus trabajos de investigación aportaron nuevos conocimientos, y, sobre todo, él preparó la primera generación de ornitólogos costarricenses. Representa la transición hacia la ornitología costarricense actual.

Hacia una nueva ornitología costarricense

Los 1970s y 1980s, entonces, fueron décadas de avances cualitativos en la ornitología nacional. Como he indicado, el MNCR lanzó la revista *Brenesia*, y así proveyó lugar para publicar, en español, información ornitológica nacional. Al principio de los 1980s se estableció el Departamento de Historia Natural y se retomó la colección de aves. La UCR incorporó a Stiles y reactivó el Museo de Zoología. En 1978 la UCR patrocinó una expedición compuesta por Stiles, Sánchez y Thomas Sherry a la Isla del Coco. Dos años después, nuevamente participó en una expedición, la del Blue Scorpion (1980, 1983-1984), a la misma isla. Para los 1970s y 1980s, la Organización para Estudios Tropicales (OET), fundada en 1963, y sus reservas, eran referencias básicas y lugares importantes de investigación ornitológica. En 1985 el guía de observación de aves Rafael Guillermo Campos, organizó el primer conteo de aves (en Grecia) y luego el mismo año se realizó el primer conteo navideño de aves en la Estación Biológica La Selva; este último sigue hasta el presente. El Centro Científico Tropical (CCT), con el ornitólogo George Powell, residente permanente de Monteverde, estableció la reserva Bosque Nuboso de Monteverde en 1973, que se convirtió en un importante centro de estudio de la avifauna. Se fundó la Universidad Nacional en 1973 y la Escuela de Ciencias Biológicas incorporó a Carmen Hidalgo y cursos de ornitología. En 1987 se inició en la UNA, el Instituto Internacional en Conservación y Manejo de Vida Silvestre (INCOMVIS) con una maestría que permite investigaciones ornitológicas. Durante los 1980s, el CIPA se hizo más activo y logró interesar a mucha gente en las aves. Además, en este período se produjo importante legislación conservacionista. La primera Ley de Conservación de la Fauna Silvestre data de 1956. Luego, comenzando en los 1960s, se decretó una serie de leyes y reglamentos para proteger la fauna silvestre incluyendo a las aves. En 1975 se publicó un decreto que prohibió la caza del *Patagioenas fasciata* en ciertos lugares, y el año siguiente se incorporaron otras especies a la lista de aves prohibidas para cazar, porque las poblaciones habían disminuido notablemente. Luego, en 1979, el Ministerio de Agricultura aprobó el Proyecto de Ecología de Aves Acuáticas que "tiene como objeto determinar el estado actual de las poblaciones de aves acuáticas mediante el análisis del tamaño de las poblaciones, la abundancia de recursos y presión de caza, con el fin de obtener datos básicos para establecer políticas de manejo". Durante la siguiente década, se dieron más decretos conservacionistas en pro de las aves.[218] Es decir, este período se caracterizó por un fuerte, aunque todavía incipiente, interés en las aves, cada vez más entre costarricenses.

Período cuarto: 1990s

Termina "el oscuro y prolongado período donde la ausencia de ornitólogos nacionales fue su característica", como decía Hidalgo. Al comenzar los 1990s, ya no había ningún hombre (nunca hubo mujeres) que dominara la ornitología nacional como en el pasado. Stiles se fue del país en 1986 rumbo a Colombia; Skutch era ya de edad muy avanzada. Esto dejó un "vacío" disponible para costarricenses y varias personas lo "llenaron"; además, surgió una nueva organización ornitológica de costarricenses – la AOCR--que agrupaba a esta misma y a otra gente. La historia de esta organización se retoma en el último capítulo porque primero veremos el desenvolvimiento de esta nueva etapa de la ornitología nacional.

Primera generación de ornitólogos costarricenses

Desde el MNCR, Julio Sánchez (1945-2013) seguía muy activo en asuntos ornitológicos y, en alguna manera, comenzó a ser la figura predominante en la ornitología nacional. Al terminar su bachillerato en biología de la Universidad de Costa Rica en 1972, ejerció la docencia en la Universidad Nacional. Entre 1976 y 1979 laboró con la Dirección Nacional de Vida Silvestre. Como parte de sus labores, realizó inventarios de poblaciones de aves. Notable fue su estudio de las aves del Refugio Nacional de Fauna Silvestre Dr. Lucas Rodríguez Caballero (ahora Parque Nacional Palo Verde). Incluía un estudio del comportamiento agresivo del pato *Cairina moschata*.[219] Luego, colaboró con un inventario de aves de los humedales de Costa Rica. Durante los años siguientes continuó contribuyendo al conocimiento de la avifauna del país. Como curador de aves del MNCR, aportó mucho a la recolección de especímenes, nidos y huevos, algunos que en ese entonces no se conocían. Así, describió por primera vez nidos y huevos, como los del semillero *Acanthidops bairdii* y el colibrí *Heliodoxa jacula*[220] y, además, una nueva subespecie de capulinero negro y amarillo. En fin, recolectó 151 nidos, 305 nidadas, 1.019 pieles y registró 6.685 observaciones para el MNCR.[221]

Asimismo, Daniel Hernández también estaba muy activo en la ornitología nacional. Después de laborar en el MNCR, Hernández pasó a la UNA (Instituto Internacional en Conservación y Manejo de Vida Silvestre) como profesor de ornitología del programa de manejo de vida silvestre. También fue director para Costa Rica de Compañeros en Vuelo (PIF). Lamentablemente, en 1996, mientras dictaba un curso junto con

James Zook sobre técnicas de monitoreo de aves para funcionarios del Servicio de Parques Nacionales, cerca de Rivas, Pérez Zeledón, murió arrastrado por una cabeza de agua cuando regresaba a casa durante un fin de semana libre. Estaba activo en la ornitología regional y ocupaba la presidencia del VI Congreso de Ornitología Neotropical que iba a llevarse a cabo en 1999.[222] Fue reconocido como "uno de los mejores ornitólogos que ha tenido Costa Rica".[223]

Por su parte, las ornitólogas Ana Pereira de la Universidad de Costa Rica Región Guanacaste y Ghisselle Alvarado del MNCR comenzaron sus carreras profesionales. Juntas con Carmen Hidalgo, son las primeras ornitólogas de Costa Rica. Notablemente, durante los 1990s, Gilbert Barrantes, profesor de la Universidad de Costa Rica, cursó el programa doctoral en ornitología de la University of Missouri, Saint Louis (Estados Unidos) y recibió el PhD en 2000.[224] Es el primer costarricense en recibir un doctorado en ornitología.

Nuevos esfuerzos nacionales

A partir de 1987, la Escuela de Ciencias Biológicas de la UNA incorporó un curso de ornitología, enseñado por Carmen Hidalgo, que ha resultado muy popular entre el cuerpo estudiantil. Durante esta década, INCOMVIS estimuló investigaciones ornitológicas. Aún más, en este período se llevó a cabo el Primer Congreso de Ornitología de Costa Rica y se fundó la primera organización ornitológica que agrupa tanto ornitólogos como aficionados a las aves, la Asociación Ornitológica de Costa Rica (AOCR).

También dos extranjeros residentes en Costa Rica, Henry Kantrowitz y John Weinberg, organizaron el Birding Club of Costa Rica en 1995 con el propósito de proveer oportunidades de observación de aves para los no costarricenses.[225] Además, en 1990, algunas personas intentaron establecer un capítulo de la Sociedad Audubon (de Estados Unidos), no tanto para disfrutar de las aves y estudiarlas, sino para la conservación y el ecoturismo en general. El esfuerzo no prosperó.[226]

En 1996, Carmen Hidalgo publicó el primer libro de aves escrito por un costarricense. Su libro, *Aves del bosque lluvioso Costa Rica*[227], ilustrado por Anayansi Aguilar Bruno, fue preparado originalmente como guía de campo, aunque finalmente se publicó como libro de mesa. El proyecto fue auspiciado, con recursos limitados, por la Fundación para el Desarrollo de la Cordillera Volcánica Central (FUNDECOR). Contiene información relevante a la identificación de las aves, sobre la conservación de la avifauna costarricense y el Área de Conservación de la Cordillera Volcánica Central, además de una bibliografía. Contó con el asesoramiento del ornitólogo Gary Stiles y con la colaboración y las sugerencias de Julio Sánchez y Daniel Hernández. Aunque fue escrito para el público general, es un aporte para un mejor conocimiento de las aves de Costa Rica y su conservación.

Más, ésta fue una década de avances conservacionistas. Desde el final de los 1980s y durante los 1990s, se emitieron varios decretos para proteger diversas especies de aves. Notable fue el decreto de 1992, que presentaba una lista de especies en peligro de extinción, y el mismo año salió la cuarta edición de la Ley de Conservación de Vida Silvestre. Cinco años más tarde, se promulgó un reglamento que establecía vedas para diversas especies de aves y otras normativas para el manejo de áreas protegidas y la vida silvestre.[228]

Página titular del libro de Carmen Hidalgo. Es el primer libro sobre aves de Costa Rica escrito por un costarricense.

Se percibe durante este período no solamente un creciente interés en las aves, sino, y de mucha importancia, el "nacimiento" de la ornitología costarricense. Por primera vez desde José Zeledón—más de 70 años—hay costarricenses trabajando en la ornitología. El protagonismo para conocer y proteger la avifauna nacional se genera desde Costa Rica misma.

Herencia colonial y la ornitología nacional

Como esta historia demuestra, desde su comienzo en el siglo XIX, la ornitología nacional se debe a grupos e investigadores extranjeros que han venido al país para realizar sus investigaciones. Unos se han radicado acá y se han hecho parte de la vida nacional, pero la mayoría han sido visitantes por períodos cortos. Se ve, en cierta forma, que Costa Rica no ha sido el destinatario de la producción de conocimientos ornitológicos, más bien, el destino de los conocimientos ha sido el lugar de origen de los mismos investigadores. Como indiqué en el capítulo anterior, en la primera etapa de la ornitología, la de los recolectores, miles y miles de especímenes fueron enviados a los grandes centros científicos en Europa y Estados Unidos. Observan Rodríguez-Herrera, Wilson, Fernández y Pineda:

> La exploración de la diversidad biológica del mundo, ha sido un proceso largo y muy desequilibrado. Por un lado, la mayor riqueza de especies y taxones endémicos se encuentra en los trópicos; mientras que los grandes almacenes de información sobre la biodiversidad (museos y colecciones), se localizan en el hemisferio norte, principalmente en Estados Unidos y Europa.[229]

Como hemos visto, los muchos holotipos de aves recolectados en Costa Rica, no están en este país. Como en tiempos coloniales, la "matera prima" del Sur fue transferida al "Norte". Además—y esto continúa hasta hoy-- aunque algunos de los artículos de los investigadores extranjeros que trabajaron en Costa Rica fueron traducidos al español, la mayoría de la producción escrita sobre las aves de Costa Rica ha sido en inglés (u otro idioma pero no en español). Las descripciones de los holotipos de aves costarricenses tampoco están escritas en español; con la notable excepción de las que escribieron Zeledón y Alfaro, y luego Barrantes y Sánchez, no han sido costarricenses los autores. La ciencia depende de la divulgación de sus conocimientos y esto se hace mediante publicaciones. El idioma del escrito restringe esa información a los que pueden leer los artículos. Se argumenta que el inglés es el "idioma universal de la ciencia", pero de hecho muchos no dominan ese idioma, y especialmente fue así en tiempos pasados. En verdad, "el público lector de estudios neotropicales en su mayoría habla español ... ," según un estudio de los artículos publicados en la *Revista de Biología Tropical*.[230] En el mismo sentido de los especímenes, se levanta la pregunta de quién ha sido –o, quién es--el destinatario de este conocimiento. Muchos de los investigadores extranjeros, especialmente estudiantes, no dominan el español y su estadía en el país es relativamente corta. Por supuesto Costa Rica y sus investigadores se han beneficiado por medio de la "filtración" de conocimientos mediante sus relaciones personales y profesionales con los extranjeros y poco a poco algunos de los escritos principales se han traducido al español. No obstante, es notable que casi ningún escrito sobre aves de Costa Rica se hizo en español. Nuevamente, esto implica la transferencia al Norte del conocimiento producido en el Sur, reflejo de la estructura "colonial" que sigue demasiado vigente. Lo importante de los 1990s es que se vieron rupturas en esta estructura y se reorienta la ornitología hacia Costa Rica y menos hacia al Norte. Esta reorientación se ve con más claridad durante la primera década de los 2000.[231]

Período actual: 2000-2010

Desde el año 2000, la ornitología nacional entra en una nueva etapa, marcada ésta por una generación de ornitólogos costarricenses con maestrías y doctorados y un palpable aumento de interés por las aves en el país. Además de varios costarricenses que recibieron su maestría con enfoque en ornitología de la Universidad de Costa Rica, bajo la dirección de Gilbert Barrantes, y de la UNA (INCOMVIS), en 2008 Johel Chaves-Campos (Universidad de Costa Rica) recibió su doctorado de Purdue University[232] y el año siguiente (2009), a Viviana Ruíz Gutiérrez (Universidad Nacional) se le otorgó su doctorado de la Universidad de Cornell (Laboratorio de Ornitología)[233]. Son los primeros en recibir un doctorado en ornitología desde Barrantes en 2000. Otros de este mismo período están iniciando o finalizando doctorados en ornitología en universidades extranjeras. Las tesis doctorales aportan mucho al conocimiento ornitológico y, obviamente, hacen avanzar la ornitología como disciplina científica importante en el país.

Nuevas propuestas ornitológicas

Por supuesto, durante este período seguían llegando estudiantes e investigadores extranjeros que estudiaban intensamente la avifauna costarricense para sus tesis y publicaciones, pero al mismo tiempo, con la iniciativa de costarricenses y residentes extranjeros, desde Costa Rica misma se abren nuevas propuestas ornitológicas y se consolidan otras. Por ejemplo, notables son el descubrimiento de una nueva subespecie del *Phainoptila melanoxantha* (capulinero negro y amarillo); la sistematización de los conocimientos de las aves de los páramos y los bosques secos; el inventario de aves acuáticas y de humedales; la investigación de las aves de la cuenca del río Savegre; y los avances en el conocimiento de la historia natural del *Procnias tricarunculata* (pájaro campana), y especialmente de sus vocalizaciones.

Grandemente notable fue la descripción que, en 2000, Gilbert Barrantes y Julio Sánchez hicieron de una nueva subespecie del *Phainoptila melanoxantha* (capulinero negro y amarillo).[234] Ésta sería la primera desde el inicio del siglo XX y solamente la tercera descripción escrita por costarricenses. El trabajo investigativo lo hicieron durante 1997. Unos años antes, Gary Stiles había sugerido que la población del *P. melanoxantha* de la Cordillera de Guanacaste representaba una nueva subespecie. Una aparente diferenciación fenotípica hizo sospechar a Barrantes y Sánchez de una nueva subespecie. Ellos, con base en los especímenes que recolectaron, además del examen de especímenes en el Museo de Zoología de la UCR, demostraron definitivamente la existencia de la hipotética subespecie. Las diferencias de coloración y aspectos morfológicos indicaban una clara separación entre la población de las Cordilleras de Talamanca y Volcánica Central, y la de las Cordilleras de Tilarán y Guanacaste. Esta nueva subespecie fue nombrada en honor del afamado ornitólogo Theodor A. Parker III, muerto en 1993 en un accidente aéreo en Ecuador: *P. m. parkeri*. El holotipo está en el Museo de Zoología de la UCR. La descripción es reconocida como de una "subespecie aceptada" por la Clements Checklist y otros.[235] La *P. melanoxantha* seguía siendo de interés para Barrantes y, en 2002, junto con Bette Loiselle, publicó un estudio sobre la ecología de la especie.[236] Destaca especialmente su abundancia relativa, su distribución geográfica, uso de hábitat, dieta y reproducción. Esta investigación vendría a ser la fuente principal de lo que se conoce sobre la historia natural de esta especie.

Como es evidente, desde la década de 1980, Gilbert Barrantes ha investigado la avifauna de las tierras altas de Costa Rica y Panamá. En 2005 sistematizó sus conocimientos para una publicación sobre los páramos.[237] Los páramos de Costa Rica se encuentran solamente en la Cordillera de Talamanca, que también incluye la parte occidental de Panamá. Estos son los únicos de Mesoamérica, pues los páramos se ubican mayormente en los Andes de Colombia y Ecuador. Se caracterizan por alturas entre 3.000 y 5.000 msnm. En Costa Rica y Panamá, la Cordillera de Talamanca es muy importante para el enfoque ornitológico por ser una región de marcado endemismo. Con base en un intensivo trabajo de campo durante una docena de años, Barrantes estudió la biogeografía y la historia natural de la avifauna del páramo; no solamente su composición, sino en particular su dieta y comportamiento. Investigó los grupos tróficos y sacó conclusiones en cuanto al papel de éstos en el ecosistema.

Demostró, además, que las aves del páramo de Costa Rica son afines con las de los bosques montanos andinos. No obstante, el páramo no tiene la misma riqueza avifaunista y se registra en él un menor número de especies respecto a otros ecosistemas del país, aunque se pueden observar 70 especies en el páramo y áreas aledañas. Barrantes identifica solamente 12 como propias del páramo. Además, la composición biogeográfica es compleja, con una mezcla de representantes Neotropicales, Neárticos y locales. El bajo número de especies se debe a la combinación de factores como la distancia entre los páramos de Talamanca y los de los Andes, el predominio de plantas no aptas para la alimentación de aves, las severas condiciones climáticas y la estacionalidad para la disponibilidad de recursos vitales avifaunístas. Concluye que, desde el punto de vista ecológico, las aves tienen un papel "importante en el mantenimiento de la composición, la distribución y la abundancia de plantas de este ecosistema".[238] A la vez, Barrantes observa que su papel como dispersoras de semillas difiere mucho de lo que sucede en otros ecosistemas tropicales, donde la mayoría de las plantas son dispersadas por aves. Este estudio es único sobre la avifauna de este ecosistema y, por tanto, es un valioso aporte al conocimiento de las aves de Costa Rica.

Partiendo de otro ecosistema del país, Barrantes y Julio Sánchez aportaron un estudio, parecido al de los páramos, esta vez sobre la avifauna de los bosques secos de la vertiente del Pacífico noroeste.[239] La investigación (publicada en inglés en 2004) se basaba en el intenso trabajo de campo de los dos ornitólogos, y en una revisión de la literatura existente. Analiza la riqueza de especies, el status migratorio, el uso de hábitat y la reproducción característicos de ese ecosistema particular. Identifica 345 especies de avifauna del bosque seco que utilizan un mosaico de ambientes acuáticos y terrestres, como playas, manglares, lagunas y humedales permanentes y estacionales, bosques y sabanas, y que tienen un amplio origen biogeográfico. El análisis incluye observaciones referentes al uso de diversos hábitats y las diferentes estrategias de sobrevivencia. Concluye con recomendaciones para la conservación de las aves de ese ecosistema.

A mediados de la primera década del 2000, Ghisselle Alvarado, del MNCR, investigó las aves acuáticas y los humedales. Su trabajo produjo un inventario de especies, una revisión de su situación conservacionista y de la condición de los humedales.[240] El estudio es de gran valor porque Costa Rica es un país rico en recursos hídricos con importantes hábitats acuosos, especialmente humedales, que frecuentan numerosas especies de aves acuáticas. Estos sitios incluyen colonias de anidación (primordialmente en la vertiente del Pacífico), las aguas marinas del Pacífico y del Caribe y los sitios de parada durante las migraciones. Las 165 especies de aves acuáticas inventariadas representan casi el 20% de la avifauna del país; 60% son migratorias. La investigación constituye un primer intento para estimar las poblaciones y sus tendencias. Además, analiza los sitios de mayor importancia e indica criterios para determinarlos, definir su categoría de protección y establecer su prioridad conservacionista, más las principales amenazas que enfrentan. Estas últimas incluyen la contaminación y la destrucción de humedales, la sobreexplotación agroindustrial por parte de los lugareños y el desarrollo turístico. Finalmente, señala las especies amenazadas y plantea recomendaciones para la conservación de este grupo de aves.

A inicios del 2000, Sánchez, Barrantes y Francisco Durán llevaron a cabo un importante estudio de la distribución y la ecología de la avifauna de la cuenca del río Savegre.[241] Esta cuenca forma un corredor desde el nivel del mar hasta 3.000 msnm, con grandes bloques de bosques poco alterados, más del 80% conectados entre sí, y representan cinco tipos de bosque según la altura. Además, el agua del río es sumamente limpia. En fin, la cuenca del río Savegre se acerca a una condición prístina; es una de las pocas cuencas hidrográficas que quedan intactas en América Central (y única en Costa Rica). Durante 2001 y 2002, este equipo de ornitólogos del MNCR y la UCR investigó la riqueza, distribución y patrones de endemismo, además de aspectos ecológicos como dieta y finalmente condición conservacionista de las aves de la cuenca. Monitorearon cinco estaciones en cada uno de los pisos ecológicos. En cada visita, las aves fueron registradas mediante el método de puntos de conteo y redes de niebla. Registraron 508 especies, incluyendo 53 de las 75 endémicas en Costa Rica. Sánchez, Barrantes y Durán demostraron con claridad la gran importancia de las aves para la salud del bosque, al considerar que cerca del 50% de la flora está compuesta de árboles y arbustos que, mayormente, dependen de las aves como agentes de dispersión de semillas. El estudio cobra mucha importancia frente a los planes del Instituto Costarricense de Energía (ICE) de construir una planta hidroeléctrica en el curso del río.

Durante este mismo tiempo, el pájaro campana (*Procnias tricarunculata*) generó mucho interés investigativo, e incluso los principales aportes ornitológicos sobre esta ave son de Costa Rica, especialmente de Monteverde. Aunque la ornitóloga británica Barbara Snow realizó investigaciones pioneras durante los 1970s en Monteverde, la investigación seria y continua inició en 1992, cuando George V. N. Powell comenzó a anillar al pájaro campana en Monteverde. Un par de años después, Debra Hamilton asumió el anillamiento. Para los 2000, ya existían datos e información básica para sacar conclusiones preliminares. Así, con base en varios años de observación, Hamilton, Víctor Molina, Pedro Bosques y Powell, todos residentes en Monteverde, publicaron un estudio sobre el status conservacionista, con aspectos de la historia natural de esta especie.[242] Revisan su rango geográfico, las poblaciones distintas y los movimientos estacionales. También informan acerca de la esperanza de vida (hasta 16 años) y el desarrollo del plumaje del campana adulto (hasta siete años), más aspectos de su canto, dieta y papel ecológico en el bosque. Concluyen que es una especie en peligro de extinción. Luego Powell y Robin D. Bjork proveyeron nueva información acerca del complicado patrón migratorio y el uso de los hábitats geográficamente dispersos de la población de Monteverde.[243] No fue sino hasta que la investigación se publicó cuando se dieron cuenta de los movimientos estacionales del pájaro campana desde Monteverde al Caribe, luego al Pacífico y finalmente de regreso a Monteverde; se trata, así, de un estudio de suma importancia ornitológica. Además, la información puso en claro que no es una especie numerosa, pues los muchos avistamientos fueron de las mismas aves ya de paso de un lugar a otro.

De interés especial han sido las vocalizaciones del pájaro campana. Julio Sánchez dedicó mucho tiempo a la grabación y análisis de ellas. Lo acompañaron inicialmente Hamilton y Powell y, desde 2001, el ornitólogo estadounidense Donald Kroodsma, conocido especialista en el canto de las aves. Años antes, tanto Snow como Gary Stiles habían sospechado que las vocalizaciones variaban de un lugar a otro. Sánchez especialmente insistía en la existencia de diferencias geográficas entre las poblaciones y Hamilton estaba de acuerdo. El equipo de Sánchez, Hamilton y Kroodsma empezó una investigación seria y se dio cuenta de que, efectivamente, las poblaciones de Matagalpa (Nicaragua), Monteverde y Talamanca (Costa Rica) tenían vocalizaciones diferentes, como "dialectos" de un mismo canto.[244] La cuestión por responderse era por qué las diferencias.

Un análisis genético descartaba la hipótesis de un origen biológico de los dialectos y apoyaba la conclusión de que las variaciones geográficas de las vocalizaciones probablemente fueron consecuencia del aprendizaje cultural. Las extensas grabaciones de Sánchez fueron un aporte fundamental para este estudio.[245] En fin, con base en observaciones y análisis de grabaciones, concluyeron que los distintos dialectos de la especie del pájaro campana *Procnias* se atribuyen al aprendizaje, transmitido culturalmente entre una población geográfica específica.[246] Esta conclusión es importante no sólo para comprender mejor la especie *Procnias*, sino porque es inédita en el estudio de los suboscinos. Así que durante la primera década de los 2000, éstos y otros investigadores publicaron artículos sobre diversos análisis u observaciones pertinentes a la ornitología nacional. La bibliografía ornitológica producida por costarricenses y extranjeros residentes aumentó considerablemente.

Durante este mismo período, son notables los avances en cuanto a la conservación como también en la investigación ornitológica. El *Proyecto Lapa Verde*, iniciado en 1994 por George V. N. Powell y actualmente administrado por el Centro Científico Tropical (CCT), "se dedica al estudio de la biología de conservación de la lapa verde [*Ara ambiguus*] en el norte de Costa Rica y posee la base de datos biológicos más importante sobre esta especie".[247] El proyecto, que contempla la participación integral de nicaragüenses, cobró fuerza durante los 2000 y se extendió a nuevas comunidades en la zona de Sarapiquí y San Carlos. Tenía un papel clave para la creación del Refugio Nacional de Vida Silvestre Mixto Maquenque (que protege la geografía histórica de la lapa verde) y es el encargado del monitoreo del Corredor Biológico San Juan-La Selva. La investigación científica de las lapas es un aspecto integral. Mediante observaciones de campo, técnicas de radiotelemetría y publicación de artículos científicos durante la primera década de los 2000, el proyecto comenzó a proveer datos importantes sobre este psittácido. Es una de las especies más estudiadas del país.[248] Un proyecto parecido es el de la lapa roja (*Ara macao*) en el Pacífico sur. La *Asociación para la Protección de Psittácidos* (LAPPA) inició en 1995, impulsada por biólogos de la UNA. Christopher Vaughan, biólogo de la UNA y de la Universidad de Wisconsin, Madison (Estados Unidos), y sus colegas de la UNA, comenzaron a estudiar la lapa roja en 1990. Basada en los datos generados por el trabajo de investigación y los intereses conservacionistas, se logró organizar una respuesta dinámica a favor de la protección de la lapa roja. Creada por residentes locales, LAPPA colabora en la protección y conocimiento de estos psittácidos. Durante la primera década de los 2000, además de brindar educación ambiental en la zona, LAPPA ha sido pionera en el uso de nidos artificiales.[249] Otro esfuerzo en pro de la conservación de lapas es el *Proyecto ARA*, fundado en 1992 (como Amigos de las Aves) por Margot y Richard Frisius, una pareja estadounidense pensionada que residía en Río Segundo de Alajuela. Inició como un centro de rescate, rehabilitación y reproducción de lapas rojas. Desde el final de la década, en coordinación con MINAE, está reintroduciendo lapas rojas al campo en Palo Verde y Punta Islita de Nicoya; en 2004 verificó la anidación entre las aves liberadas. Actualmente, está realizando reintroducciones controladas de la lapa verde en Manzanillo del Caribe.[250] También es de importancia *el proyecto jabirú*. En el 2003 comenzó el monitoreo del *Jabiru mycteria* y se formó la Comisión para el Rescate y Protección del Jabirú con la participación del gobierno, la UNED y organizaciones privadas. El propósito de la Comisión es: "fortalecer, coordinar y ejecutar acciones de educación, investigación y control tendientes a asegurar la supervivencia de la población del jabirú y especies asociadas en Costa Rica, mediante la protección y restauración de los humedales, sitios de anidación y alimentación de las especies". Mediante los conteos, este proyecto conservacionista y ornitológico ha podido estimar la población, ubicar nidos y elaborar un programa de educación ambiental en la zona. Contribuye al conocimiento del ambiente ecológico y de la reproducción de este gran cicónido.[251] Durante este período había otros avances. Para el 2008, la Unión de Ornitólogos de Costa Rica determinó las Áreas Importantes para la Conservación de las Aves (AICAs). Este proyecto corresponde a un esfuerzo de BirdLife Internacional para demarcar áreas especialmente importantes para la conservación de la avifauna en todo el mundo.[252] A mediados de la década, se pudo establecer nuevamente en Costa Rica la red de Compañeros en Vuelo (PIF-Partners in Flight).

Otros compromisos y proyectos

Además de los compromisos ornitológicos que surgen desde Costa Rica, diferentes proyectos de importancia ornitológica y conservacionista están auspiciados por instancias de los Estados Unidos y se llevan a cabo en Costa Rica. Aunque fue iniciado en 1994 con el apoyo del Point Reyes Bird Observatory (Estados Unidos), el *Programa Integrado de Monitoreo de Aves de Tortuguero* (PIMAT) se consolidó en la década siguiente y comenzó a rendir datos valiosos. Es el proyecto de monitoreo de mayor duración en América Latina. Su objetivo principal es mantener un sitio de monitoreo constante a largo plazo para el estudio de las aves migratorias y residentes.[253] Desde el 2010, forma parte de los Observatorios de Aves de Costa Rica. En el 2000, el Migratory Raptor Conservation Project de Hawk Mountain Sanctuary (Estados Unidos) comienza en Kèköldi el *monitoreo de la migración de rapaces*.[254] Este proyecto tiene la finalidad de proveer datos sobre el número de rapaces que migran cada año sobre la costa caribeña. Este proyecto conjunto con la comunidad Kèköldi (Talamanca), actualmente es administrado por la Fundación de Rapaces de Costa Rica, una organización autóctona costarricense. En el 2006, se organizó el *San Vito Bird Club*. Este grupo se origina entre los estadounidenses y canadienses que viven en la zona sur, junto con costarricenses. Se ha desarrollado una relación con el Jardín Botánico Wilson, parte de la Estación Biológica Las Cruces de la OET. Además de proveer oportunidades para la observación de aves para aficionados, se ha comprometido con el monitoreo de aves del Avian Monitoring Project del Aviario Nacional (Pittsburgh, Pennsylvania, Estados Unidos) y el Connecticut Audubon Society (Estados Unidos). Durante los últimos años el Club se ha esforzado por establecerse entre costarricenses y convertirse en bilingüe y binacional. En este sentido el Club se ha afiliado con la AOCR y Compañeros en Vuelo (PIF).[255] Luego en 2010 se lanza *Costa Rican Bird Observatories* (Observatorios de Aves de Costa Rica). Este esfuerzo del Klamath Bird Observatory (Estados Unidos), del Servicio Forestal de Estados Unidos y del INBio, busca establecer una serie de estaciones de monitoreo de aves, con énfasis en el anillamiento.[256] En la península de Osa, más recientemente se ha establecido *Osa Birds: Research and Conservation* (Aves de Osa: investigación y conservación). Desde su base en los Estados Unidos, el grupo se dedica a la conservación y el estudio de las aves mediante monitoreos y educación ambiental. Busca establecer líneas básicas de información respecto a la ecología, distribución y hábitats, especialmente de aves amenazadas por la extinción.[257]

Conteos y publicaciones

En este mismo período se aumenta notablemente el número de conteos de aves. Hasta el 2000, se organizaron solamente tres o cuatro anuales, pero en el 2003 se realizaron siete, la mayoría como conteos de Navidad, que reunían entre 30 y 70 observadores cada uno: Cartago, Grecia, La Merced (Pacífico central), La Selva, Teleférico del Atlántico (Braulio Carillo), Monteverde y Osa.[258] Lamentablemente algunos de éstos no continúan, pero se han comenzado otros en el Parque Internacional La Amistad (PILA) (2004), en CATIE (2008), Teleféricos del Pacífico (Carara) (2008), Reserva Forestal Río Macho, sector Villa Mills (2009), Maquenque (2009), Veragua (2009), Santa Rosa y Volcán Cacao (2010), la Reserva Bosque Nuboso de Occidente (San Ramón) (2010), Osa (2010) (ya organizado por otra organización con diferentes rutas), Refugio Nacional de Vida Silvestre Barra del Colorado (2012), Arenal (2013), Parque Nacional La Cangreja (2014), Área de Conservación Tempisque (2015) y otros como los de algunas reservas privadas y hoteles de campo. Algunos conteos se asocian con la Sociedad Audubon, mientras que otros se organizan y reportan por cuenta propia. Ciertamente, el aumento del número de conteos navideños, que atraen al público "pajarero" general—hasta 80 en Arenal y 130 en La Selva--, indica un gran incremento nacional en el interés sobre aves. Pero, además de los conteos navideños, hay otros que se llevan a cabo en diferentes momentos, como en el Parque Internacional La Amistad, la Reserva Forestal Río Macho (sector Villa Mills) y Los Cusingos Refugio de Aves Alexander Skutch, o que investigan solamente una especie o grupo de aves, como el conteo anual del pájaro campana en Monteverde, de patos y correlimos en diversos lugares y de lapas rojas. De notable importancia es el conteo anual de aves residentes, que efectúa la Asociación Ornitológica de Costa Rica entre mayo y junio.

Los conteos generan datos importantes para comprender las poblaciones de aves. No obstante, están organizados por instancias diferentes sin coordinación entre sí, y los datos no se socializan, mucho menos se analizan. Esto fue señalado por el editor del *Boletín Zeledonia* de la AOCR en el 2004, cuando reportó acerca de los conteos navideños: "hasta ahora los resultados no han sido compartidos y cada grupo los mantiene para uso propio ... [así que urge] compartir resultados. De esta forma tendremos la oportunidad de obtener una visión integral de la avifauna del país, además de unirnos más eficientemente en el estudio, la promoción y la defensa de las aves".[259]

Es notable que en este período se incrementó la publicación de artículos ornitológicos en las revistas especializadas costarricenses, estadounidenses y de otros países. Los recién graduados con títulos en ornitología comenzaron a producir ciencia ornitológica. Como dice Alvarado, "el solo hecho que la gente empezara a publicar y que las personas vieran que había personas interesadas en las aves a diferente nivel y a comunicar los hallazgos, esto es importante".[260] Sin publicaciones, no hay producción científica. En este sentido, la ornitología costarricense comenzó a dar pasos importantes durante este período.

Además, en este lapso se producen nuevas guías ilustradas de aves. En el 2002, el conocido ornitólogo Julio Sánchez publicó mediante INBio, *Aves del Parque Nacional Tapantí/Birds of Tapantí National Park*, edición bilingüe.[261] Contiene una descripción de especies (con dibujos de Fernando Zeledón), presenta aspectos generales sobre la avifauna, la ecología de la zona de Tapantí y muestra aspectos de identificación de aves. El libro es el producto de sus muchos años de observación de las aves de esa zona. El año siguiente, una casa editorial lanzó al público la guía bilingüe, *An Illustrated Field Guide to the Birds of Costa Rica/Guía de campo ilustrada de las aves de Costa Rica*.[262] Según la "Presentación", la guía es "la primera guía realizada exclusivamente por costarricenses". No obstante, atribuye la autoría solamente a "un grupo de costarricenses, un dibujante y varios ornitólogos". El dibujante, Víctor Esquivel Soto, sólo se indica. Dos años después, S. Fogden y los fotógrafos M. y P. Fogden, presentaron la *Guía fotográfica a las aves de Costa Rica*.[263] Es una pequeña guía de una selección de fotos de las aves más comunes en el país. Luego, en 2007, Richard Garrigues, conocido guía de aves radicado en Costa Rica desde hace muchos años, y Robert Dean, artista de Monteverde, prepararon la guía de campo, *The Birds of Costa Rica, A Field Guide*.[264] Contiene discusiones sobre aspectos de identificación y criterios taxonómicos, entre otros. También, como indicación de fuentes, los autores enlistan a los muchos ornitólogos que "nos han proveído abundante información acerca de la vida de los pájaros de la región ...".[265] Actualmente esta guía es la de mayor uso. Finalmente, en 2011, salió una guía fotográfica ilustrada de interés local, *Aves de Acosta* de Paula Calderón Mesén y Adilio Antonio Zeledón Meza.[266] Esta pequeña obra es producto de una investigación realizada por la Fundación Ecológica El Cornelio de Acosta (FUNDECOA) desde 1994 y se enmarca en un amplio programa de conservación de los bosques remanentes del cantón de Acosta. Menciona colaboradores y revisores e incluye bibliografía. Durante este período, y para suplir el mercado de avituristas, se publicaron en inglés varios otros libros sobre aves de Costa Rica. Asimismo "pajareros" costarricenses están tomando la iniciativa y están preparando una nueva generación de guías en formato electrónico.

Hoy, como nunca antes, hay costarricenses siguiendo los pasos de Zeledón.

Capítulo IV
LA ASOCIACIÓN ORNITOLÓGICA DE COSTA RICA (AOCR)

La AOCR es tanto parte como producto de esta historia. Mucho de lo descrito arriba sobre las últimas dos décadas se debe al trabajo y actividad de socios y socias de la AOCR. En este sentido, la AOCR es parte integral de una nueva etapa de la historia de la ornitología en el país que solamente está comenzando; es una historia inacabada.

Para 1993, ya existía una infraestructura ornitológica insipiente sobre la cual se podía asentar la base de una agrupación netamente nacional. Además, la emergente generación de ornitólogos y ornitólogas, más un grupo reconocible, aunque pequeño, de aficionados a la observación de aves, junto con la creciente conciencia conservacionista y el ecoturismo en el país, crearon una coyuntura favorable para la organización. Asimismo, se debía mucho al interés de Julio Sánchez y otras personas por tener un mayor relacionamiento orgánico para adelantar la ornitología nacional.

Consejo Internacional para la Preservación de las Aves (CIPA)

La AOCR tiene su origen durante los años 1980s. En ese período, personajes importantes en la ornitología nacional como Gary Stiles, Julio Sánchez, Carmen Hidalgo y otros que luego serían fundadores de la AOCR, comenzaron a preocuparse por la conservación de la avifauna del país. Se juntaron en 1982 para establecerse como el capítulo o "sección" costarricense de "CIPA" o el Consejo Internacional para la Preservación de las Aves (International Council for Bird Preservation) que luego se convertiría en BirdLife Internacional. El Consejo Internacional para la Preservación de las Aves, fundado en 1922 con sede en Londres, fue la primera organización conservacionista verdaderamente internacional. Lanzó campañas mundiales contra el comercio de plumas (para los sombreros y vestidos de las mujeres); a favor de la protección de aves migratorias; y para la identificación y protección de los hábitats de las aves. A la vez promovía legislación nacional conservacionista entre los países del mundo y tratados internacionales, especialmente sobre aves migratorias y en cuanto a la contaminación de los océanos. Hasta 1993, funcionaba como una federación de organizaciones y secciones distribuidas entre muchos países.[267] En Costa Rica el capítulo de CIPA no logró mucha organización y siempre fue una asociación informal de personas que compartían una misma preocupación. A pesar de esto, llevaron a cabo actividades educativas como charlas sobre temas ornitológicos y giras de observación de aves. Sus miembros publicaron artículos de prensa sobre especies de aves y la avifauna en general (CIPA Costa Rica tenía una columna mensual en *La Nación* titulada "Avifauna")[268] y promovían otras actividades afines, con el propósito de concientizar y educar al público sobre la importancia de los pájaros. Incluso fueron la fuerza principal detrás de la organización del Primer Congreso de Ornitología. En todo CIPA Costa Rica contaba con el apoyo del Museo Nacional de Costa Rica (MNCR) para organizar y llevar a cabo sus actividades. La AOCR tiene sus raíces en este capítulo costarricense del Consejo Internacional para la Preservación de las Aves.[269]

Primer Congreso de Ornitología de Costa Rica

La decisión de formar una asociación dedicada a la ornitología fue tomada durante el Primer Congreso de Ornitología de Costa Rica. Este Congreso fue organizado por CIPA, MNCR y el Programa Regional en Manejo de Vida Silvestre para Mesoamérica y el Caribe (PRMVS) de la UNA, con el apoyo del Servicio de Pesca y Vida Silvestre de los Estados Unidos. El comité organizador consistía de Julio Sánchez como presidente; Montserrat Carbonell, secretaria; y Claudia Longo como coordinadora del Congreso. Se llevó a cabo en el campus de la Universidad Nacional (Heredia) del 20 al 22 de mayo de 1993 y fue la primera vez que se reunieron a nivel nacional ornitólogos y otras personas interesadas en las aves. Sirvió no sólo para estimular el interés en la avifauna, sino para identificar la

Algunos asistentes del Primer Congreso de Ornitología. Izquierda a derecha: Julio Sánchez, Rafael Chacón, Melania Ortíz Volio, Alexander Skutch, Monserrat Carbonell, Víctor Cartín, Luis Poveda, Jorge Hernández Benavides. Cortesía de Jorge Hernández.

ornitología como de interés nacional. Marca el comienzo de una nueva etapa en la ornitología nacional.

Se presentaron 21 ponencias individuales y 10 paneles por parte de 37 ponentes tanto de Costa Rica como Canadá, Estados Unidos y México. Entre ellos hubo ocho mujeres y tres de ellas, Ghisselle Alvarado, Carmen Hidalgo y Ana Pereira, costarricenses, seguirían muy activas en la ornitología nacional. Los temas de las ponencias incluían, entre otros, la biología y comportamiento reproductivo, depredación, avifauna de manglares y pantanos, estructura de poblaciones, alimentación, monitoreo, servicios ambientales como la dispersión de semillas e indicadores de prioridades de conservación, aves en cautiverio, y plaguicidas. Muchas de las presentaciones se referían a áreas protegidas, como parques nacionales y refugios de vida silvestre. Luego se publicaron resúmenes de las ponencias (mimeografiados).[270] Durante el Congreso, Julio Sánchez y

Portada del informe final del Primer Congreso de Ornitología.

Monseratt Carbonell, una bióloga española radicada en Costa Rica como asesora del PRMVS de la UNA, entre otros participantes, propusieron la idea de establecer una agrupación ornitológica.[271] Otras personas acataron la idea y juntas decidieron unirse en una nueva asociación y llevar a cabo la asamblea constituyente. En términos de sus intereses, actividades y buena parte de sus miembros, la nueva organización fue, en realidad, la formalización, bajo otro nombre, de CIPA Costa Rica.

Primera década

Durante la década de su fundación, la AOCR se dedicó a organizar charlas sobre aves y otras actividades educativas para diversos grupos y edades. Se interesó especialmente en ofrecer charlas y actividades en las escuelas. Inició festivales de aves, como el Día del Quetzal y la celebración del Día Mundial de las Aves. Organizó giras de observación de aves durante la estación de la migración de gavilanes, y a veces agrupaban hasta 200 personas. Entró en contacto con dignatarios nacionales como Oscar Arias (presidente del país 1986-1990) y con personalidades como Silvia Poll (nadadora y ganadora de la medalla de plata en los juegos olímpicos de 1988), con el propósito de promover el interés en las aves entre el público. En 1994, se contactó con BirdLife Internacional sobre el proyecto internacional de Áreas Importantes para la Conservación de Aves (AICAs o IBA—Important Bird Areas-- por sus siglas en inglés), aunque sin resultado. En 1996, comenzó el conteo navideño alrededor de Cartago.

La reunión de la American Birding Association y la Association of Field Ornithologists

Un acontecimiento relevante para la consolidación de la AOCR –y por ende para la ornitología en Costa Rica—fue la reunión anual que la American Birding Association (ABA) y la Association of Field Ornithologists (AFO) celebraron en forma conjunta, en San José el 21-27 de julio de 1997. El programa incluía conferencias y simposios científicos, giras de observación de aves y encuentros sobre temas e intereses específicos. Reunidos en el hotel y centro de convenciones Herradura, esta reunión, con la AOCR como anfitriona y organizadora local, facilitó el intercambio entre ornitólogos, guías naturalistas y observadores de aves de Costa Rica con los de Estados Unidos y así estimuló la ornitología y la profesión de guía naturalista en el país. En una carta de 1996 dirigida a los miembros de la ABA y la AFO, Julio Sánchez, presidente de la AOCR y Rafael Solano, secretario, manifestaron esta expectativa: "Este acontecimiento será muy importante para forjar lazos entre nuestra Asociación y sus prestigiosas organizaciones, y promoverá el intercambio de experiencias y preocupaciones entre los miembros de ambas organizaciones respecto al estudio y la conservación de las aves y hábitats de la región Neártica como también los del Neotrópico".[272] Sin duda la reunión cumplió esta esperanza.

Scientific Program for the Joint Meeting of The Association of Field Ornithologists, The American Birding Association and The Asociación Ornitológica de Costa Rica

San José, Costa Rica
Schedule and Abstracts,
23-24 July, 1997
75th Annual Meeting

AFO Officers
Elissa Landre, President
Charles D. Duncan, Vice-President
W. Russ McClain, Secretary
George B. Mock, Treasurer
C. Ray Chandler, Editor, JFO
Diane L. Tessaglia, Editor, AFO Afield
Scott K. Robinson, Scientific Co-Chair

AOCR Officers
Julio E. Sanchez, President
Carmen Hidalgo, Vice President
Rafael Solano M., Secretary
Maria Emilia Chaves, Secretary Special Events
Ruth Rodriguez, Treasurer
Mario Ossenbach, Treasurer Special events
Anayansi Aguilar, Director
Gilberth Barrantes, Director
Marco Tulio Saborio, Director
Dora I. Rivera, Controller
Rafael Campos, Scientific Co-Chair

Programa científico de la reunión ABA-AFO de 1997

La AOCR, aunque fue fundada cuatro años antes, luchaba para consolidarse. Cierto es que realizaba actividades como charlas en las escuelas, giras de observación de aves migratorias y otras actividades afines, pero en verdad sufría de inestabilidad en la junta directiva, no contaba con una membresía bien definida y le faltaba programación de actividades regulares o institucionalizadas. El reto de organizar la reunión de la ABA y la AFO requería mejor consolidación de la misma AOCR. Así que en el marco de la reunión –tanto antes como después-- la Asociación retomó la composición de la junta directiva (incorporó algunas personas en forma no oficial para cumplir funciones que algunos de los miembros formales de la junta no podían ejecutar)[273] y formalizó la lista de miembros, inscribiéndolos con boleta de membresía[274]. También, entre otras acciones administrativas, abrió una cuenta bancaria.[275] La revista *Boletín Zeledonia* "nació con el congreso," según Carmen Hidalgo, vicepresidenta de la AOCR en aquel momento. Incluso, la Asociación decidió, acogiendo la propuesta de Hidalgo, realizar charlas mensuales sobre aves, para los socios y otras personas interesadas en la ornitología.[276] Luego institucionalizó las giras de observación de aves como actividad mensual. La reunión conjuntó a ornitólogos, guías naturalistas y observadores de aves, todos costarricenses o residentes permanentes del país. Como beneficio adicional de la reunión, los costarricenses podían conocer e intercambiar con reconocidos ornitólogos estadounidenses. Los asistentes extranjeros también donaron, mediante Birder´s Exchange, más de 40 equipos de binoculares y dos telescopios para el uso de la AOCR.[277] Además, la ABA y la AFO donaron $25 por cada asistente, para un fondo que la AOCR administraría para financiar una variedad de proyectos conservacionistas.[278]

Para dirigir el trabajo de organizar la reunión, la AOCR encargó a Oscar Pacheco la coordinación general de los arreglos. Se contrató a la agencia de eventos CRT Destination Marketing and Management Services,[279] que se responsabilizó por los arreglos del lugar y de la reunión, como también de los aspectos de transporte, hospedaje y bienestar de los asistentes. Esto garantizó un alto profesionalismo, importante para el éxito de la reunión y la buena imagen de la AOCR. (El contrato y otros costos de la reunión no se pagaron con fondos propios de la AOCR sino mediante las inscripciones que pagaron los asistentes extranjeros y los dineros comprometidos por la ABA y la AFO).

Algunos participantes costarricenses en la reunión ABA-AFO de 1997
Iz a Der atrás:
1.Joel Alvarado, Holandés desconocido, Gary Diller, Rafael Campos, Gustavo Orozco, Paco Madrigal, Richard Guindon, Richard Garrigues, Jim Zook.
2.Demetrio Peralta, César Sánchez, Ingrid Ayub, Rudy Zamora, desconocido,
3.José "El Indio" Calvo, Giovanni Bello, Sergio Volio, Mauricio "Morris" Quesada, Tony Jiménez, Rolando Delgado. (Foto cortesía de Mauricio Quesada)

Rafael Campos colaboraba, junto con Scott Robinson de la AFO, como coordinador científico. En esa capacidad, era responsable de revisar y aceptar o rechazar las propuestas de ponencias y simposios científicos para el programa. Asegurar todo lo logístico tomó varios meses de arduo trabajo por parte de la junta directiva y otros socios de la AOCR.

El papel de la AOCR no se limitó a organizar, sino también participar activamente en la reunión. Julio Sánchez abrió el encuentro con palabras formales de bienvenida. El fotógrafo Marco Tulio Saborío introdujo las aves de Costa Rica con una presentación de multimedia. Las ponencias principales fueron dictadas por Chris Wille (café amigable con la ecología); Richard Garrigues (sistemas reproductivos de especies frugívoras); Christopher Vaughan (ecología de la lapa roja); y Bruce Young (migraciones en La Selva). En el marco de los simposios

Guías preparando giras a San Gerardo de Dota (Savegre), Tapantí, La Selva, Quebrada González, Carara, Finca Solimar en el marco de la reunión ABA-AFO de 1997
Holandés desconcido, Rudy Zamora, Demetrio Peralta, Rolando Delgado (sentado), Rafael Campos, mujer desconocida. (Foto cortesía de Mauricio Quesada)

científicos, también los costarricenses se hicieron presentes. Pablo Riba Hernández, Lucía de la Ossa Pirie y Johnny Villarreal Orias colaboraron con comentarios sobre la lapa roja en Osa durante el simposio dedicado a la ecología y conservación de psitácidos. Julio Sánchez expuso acerca del cortejo cooperativo en un lek del *Colibri thalassinus,* como parte del bloque referente a las vocalizaciones de las aves. Durante el simposio dedicado a las interacciones entre aves y plantas Carlos Guindon disertó sobre las aves frugívoras y los aguacates silvestres en paisajes fragmentados. Entre los contribuyentes de ponencias (*contributed papers*) se encuentran: Debra [Hamilton] DeRosier y Karen B. Nielsen (cortavientos agrícolas y sus implicaciones para los corredores de avifauna) y Johnny Villarreal Orias (ecología del *Jabiru mycteria* en humedales del Tempisque). Los carteles fueron presentados por Geisel Mora Cerdas (migración de aves terrestres en la costa Atlántica de Costa Rica); Henry Chaves (reservas biológicas y las especies de aves en Costa Rica); Jorge González Villalobos (diversidad de aves migratorias y residentes en cafetales sin sombra); Belkeys Jiménez Ruiz también presentó. En fin, investigadores costarricenses (y residentes permanentes en el país) estuvieron muy presentes en el marco científico de la reunión.[280]

La AOCR también se hizo presente en otras formas. Tenía un *stand* con información sobre la Asociación, junto con un gran cartel que describía su programa. Muy importante fue un desayuno para ornitólogos que la AOCR ofreció, con el propósito de abrir un espacio amistoso para el intercambio entre ella y los asistentes extranjeros. La junta directiva en sus reuniones para planificar la reunión internacional, resaltó la trascendencia que tendría el desayuno para conocer a las personas "importantes" que iban a estar en ese encuentro. Julio Sánchez mencionó que sería buena oportunidad para conversar sobre las prioridades de investigación de la AOCR. En fin, el desayuno atrajo una buena asistencia y cumplió sus propósitos fraternos.

Una dimensión fundamental de la reunión fueron las giras para observación de aves. Observar la rica avifauna del país fue una de las razones principales porque la ABA y la AFO seleccionaron a Costa Rica para su reunión anual.[281] Estas giras se ofrecían antes y después de la reunión y fueron organizadas y dirigidas por guías naturalistas locales, con la colaboración de compañías de ecoturismo de Estados Unidos. Se programaron siete opciones durante la reunión: Cerro de la Muerte; Carara, Punta Leona y el río Tárcoles; la Virgen del Socorro y Sarapiquí; Tapantí; Braulio Carrillo y Guapiles; Bosque de Paz; y La Selva. Previo a la reunión, algunas compañías ofrecían giras de seis días por la costa del Pacífico, a bordo del *Temptress Explorer* (con Rafael Campos, Rudy Zamora, Richard Garrigues, Ingrid Ayub y José Calvo como guías); a Guanacaste y Monteverde; a Carara, Palo Verde y Monteverde; a Rincón de la Vieja; y a Rancho Naturalista y Cerro de la Muerte. Luego de la reunión, se repetía el viaje por la costa pacífica a bordo del *Temptress Explorer*; y había más giras al Cerro de la Muerte y tierras bajas del Caribe; Cordillera de Talamanca y tierras bajas del Caribe; y finalmente, una gira a Panamá (con Carlos Gómez).

Sin duda, uno de los momentos culminantes fue el otorgamiento del primer Premio por Excelencia en la Ornitología Neotropical que la AFO ofrecía en nombre de Alexander Skutch. Skutch y su esposa Pamela heredaron a la AFO sus ahorros de vida para establecer un fondo de

Poster de la AOCR exhibido durante la reunión de la ABA-AFO de 1997

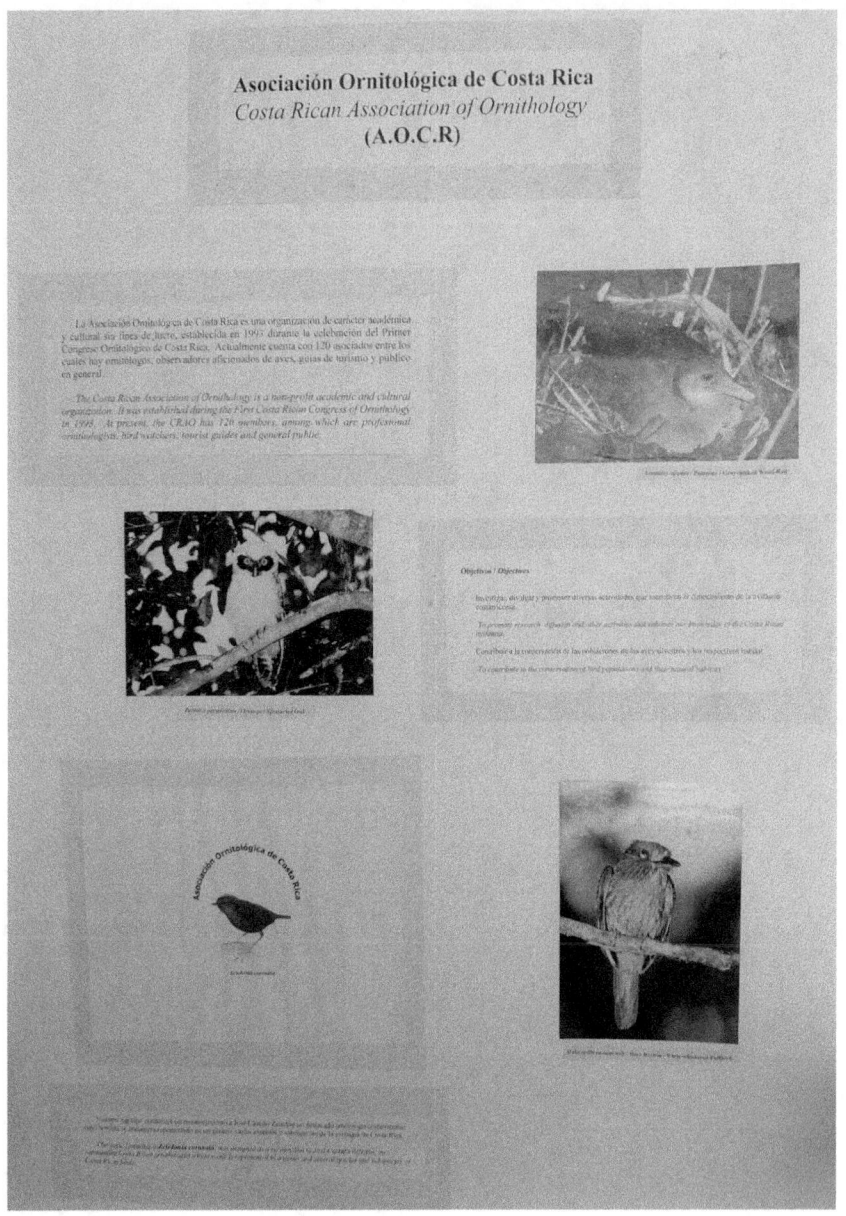

becas para la investigación ornitológica (diferente del actual fondo de la AOCR que también lleva el nombre de Alexander Skutch). En el marco de la donación, la AFO decidió honrar el legado ornitológico de Skutch mediante el premio anual. En esta reunión, el primero fue otorgado a Gary Stiles. Skutch y su esposa estaban presentes y entregaron personalmente la medalla a Stiles. El embajador de Estados Unidos también fue invitado al banquete de gala para resaltar la importancia del premio.

La AOCR no ha vuelto a ser anfitriona de una actividad internacional. Fue invitada a organizar el VI Congreso de Ornitología Neotropical de 1999. Sin embargo la tragedia y la falta de tiempo intervinieron y la AOCR no pudo cumplir dicho encargo. Daniel Hernández Esquivel ejercía la secretaría general del Congreso de la Sociedad de Ornitología Neotropical. Como tal, asumió la organización del Congreso, pero murió en un accidente en 1996.[282] Otros de la AOCR no estaban en condiciones para hacerse cargo. Julio Sánchez manifestó que le faltaba tiempo y que no tenía interés. Carmen Hidalgo no podía asumir la responsabilidad. Aunque había presión para asumir la coordinación del Congreso, la junta directiva definió que "difícilmente la AOCR puede hacerlo".[283]

La reunión anual de la ABA, la AFO y la AOCR de 1997 fue un hito importante en la historia de la AOCR. Su participación fue considerada exitosa y contribuyó grandemente a la consolidación de la Asociación.[284] Fue un acontecimiento de muy grato recuerdo. La responsabilidad de organizar el Congreso fue una saludable presión para que la AOCR se organizara más eficientemente. Es decir, la coyuntura –las semanas antes y después-- de la reunión de la ABA y la AFO le sirvió a la AOCR para retomar su propia organización. En fin, la reunión trajo un valioso reconocimiento a la AOCR y estimuló los ánimos de los líderes y otros miembros de la Asociación.

Pasos hacia la consolidación institucional

El año siguiente, bajo la dirección del guía Rolando Delgado, se pudo publicar una lista revisada de las especies de aves del país y la AOCR la distribuyó como una libreta dirigida al público general.[285] Luego de cuatro años, se vio la necesidad de una revisión más rigurosa. Frente a la proliferación de listas privadas o de empresas de turismo, con importantes diferencias entre sí, se determinó publicar una lista de la avifauna del país, la cual serviría como lista maestra o de referencia para toda otra lista. Este trabajo científico fue encomendado a Gilbert Barrantes, Johel Chaves y Julio Sánchez y fue publicado en el 2002 como número especial de la revista *Zeledonia*, con el título *Lista Oficial de las Aves de Costa Rica*.[286] También se tradujo y publicó el manual sobre grabaciones, *Técnicas para la grabación de las vocalizaciones de las aves tropicales*.[287] Estos fueron los primeros pasos en el campo científico. No obstante, pese a su propósito de promover la investigación científica de las aves, la designación formal del comité científico previsto por los estatutos, no se realizó y no inició otros proyectos de índole científica durante esta primera etapa de la Asociación. Esto fue una preocupación de varios de los socios y fue articulada por el ornitólogo Gilbert Barrantes que "se expresa preocupación por cuanto no está haciendo nada en el campo de investigación".[288]

A pesar de estos esfuerzos, el programa de la AOCR no fue sistemático, y la organización sufría inestabilidad en cuanto a la participación de los miembros de la junta directiva y la falta de pago de las anualidades por parte de los socios.[289] Todo se hacía con base en el trabajo voluntario y todos y todas tenían serios problemas de tiempo para dedicarse a la AOCR. Para solucionar estos problemas, se planteó la necesidad de una dirección ejecutiva de tiempo parcial. Ésta no fue factible pero, en 1998, se intentó mantener una oficina permanente, administrada por personal voluntario. El esfuerzo duró solamente unos meses, pues, no fue posible pagar el alquiler de la oficina. En fin, más que todo, para mantener la organización la AOCR se dependía de un pequeño grupo de voluntarios, centrado en el ornitólogo Julio Sánchez. No obstante, para el final de la década, siguiendo la propuesta de la ornitóloga Carmen Hidalgo,[290] el programa mensual de charlas y giras de observación de aves fue incorporado como parte regular de la AOCR. Éstas resultaron muy atractivas con la saludable consecuencia del crecimiento constante del número de socios. Esto, además, le aseguraba continuidad como organización.

Al acercarse a su décimo aniversario, la AOCR había institucionalizado como el eje central de su programa las charlas y giras mensuales. Éstas podrían contar con una asistencia de 20 a 30 cada vez, a veces más. La membresía creció hasta tener más de 250 socios, aunque muchos de los primeros ya no se presentaron en las giras y charlas y dejaron de pagar su anualidad; siempre había que buscar fondos, pero la situación económica se consolidó. Había publicado el libro de aves para colorear y ofrecía en venta una camiseta con la imagen de la migración de gavilanes. No obstante, sólo de vez en cuando ofreció cursos sobre aves y todavía no había incursionado en la investigación científica. De todas maneras, la organización ya estaba bien establecida y contaba con reconocimiento público mediante entrevistas y breves programas mediáticos que la identificaron como instancia de autoridad ornitológica nacional.

Cambio de etapa

En mucho, durante este primer período de su historia, la AOCR debía su existencia y continuidad al compromiso y esfuerzo de Julio Sánchez, pero al terminar casi diez años como presidente, Sánchez indicó, en 2002, su deseo de pasar la presidencia a otra persona. Manifestó su compromiso de seguir colaborando, pero que quería ser aliviado del liderato. Él mismo propuso al entonces tesorero Mario Ossenbach como el nuevo presidente. Así en ese contexto, Ossenbach fue elegido como presidente de la AOCR. Su elección representaba un cambio importante pues, por la primera vez en la historia de la Asociación, Sánchez no ejercería el liderato principal, al mismo tiempo que ninguno de los miembros de la nueva junta directiva había sido socio fundador.

El nuevo presidente asumió con vigor la dirección de la Asociación. Indicó la importancia de ordenar aspectos legales como la inscripción de actas, además de "la reposición de libros de actas … así como de la cédula jurídica y del Acta Constitutiva, que se habían perdido".[291] Recalcó también la importancia de fortalecer la base económica. Inició la búsqueda de patrocinadores entre empresas privadas y estableció políticas de cobro por servicios ornitológicos que la Asociación pudiera ofrecer. Finalmente, manifestó su deseo de fortalecer el compromiso ornitológico científico y conservacionista. Incluso, Ossenbach indicó su deseo de "transformar la Asociación de un simple club de observadores de aves, que efectuaba una charla y una gira mensual como únicas actividades, a una organización que, tal como lo prescriben sus estatutos, tuviera como objetivos la divulgación, la investigación y la conservación".[292]

Pero desde el inicio el "vigor" generó conflictos. Sintomático de que lo que vendría más adelante, tenían que ver con el esfuerzo de promover fondos. El énfasis en el pago de anualidades, el pago por servicios y la insistencia en encontrar patrocinadores les parecía a algunos socios que era pensar más en dinero que en programa. Como se quejó un socio, "Todo se volvió sólo plata. Pagar esto, pagar lo otro, y no se ven los beneficios ni las ayudas a ningún programa para salvar aves, que al fin y al cabo es lo que disfruta la asociación ornitológica. Deberían de dejar de estar pensando en vender todo y tratar de que se haga un grupo de aficionados que les guste ver aves, como era cuando yo llegué a esa asociación".[293] Más adelante este malestar se manifestaría en otras formas.

No obstante, continuaban las charlas y giras mensuales y la junta directiva tomó otras iniciativas, varias pendientes de años anteriores. Estableció un sitio en la internet. Inició con regularidad la publicación de *Zeledonia*. Realizó una presentación pública del libro de Julio Sánchez, *Aves del Parque Nacional Tapantí* en el marco de una exposición de fotos de aves de Alvar Saborío, Heriberto Cedeño y Eduardo Libby. Junto con la Universidad Veritas, también organizó una exposición y un concurso de fotografías de aves dedicado a Alexander Skutch. La actividad atrajo a más de 70 fotógrafos y sirvió como el momento para que el Ministro de Ambiente y Energía, Carlos Manuel Rodríguez, firmara un decreto ejecutivo que estableció el segundo sábado de abril como el Día Nacional de las Aves Migratorias, decreto gestionado por la AOCR y ciertamente un logro importante. Además efectuó la reimpresión de la libreta de la lista de aves y produjo una nueva camiseta con la imagen de la garza del sol (*Eurypyga helias*), basada en una pintura del artista José Alberto Pérez Arrieta o "Cope". La junta directiva también se preocupó por un decreto oficial que permitía la tala de árboles para fomentar el turismo y, al respecto, envió una protesta enérgica al ministro,[294] (acción que repetiría años después frente al proyecto minero Las Crucitas.)[295] Además organizó el primer conteo anual de aves en el Parque Internacional La Amistad (PILA) y se comprometió con el emergente proyecto de aviturismo de San Carlos-Sarapiquí, "Ruta de Aves".

Para realizar mejor el programa de la AOCR, y sobre todo promover fondos, a finales del 2003, se decidió emplear de tiempo parcial un director ejecutivo pues, las actividades y necesidades—sobre todo los deseos-- de la Asociación eran muy grandes. No bastaba depender exclusivamente del esfuerzo voluntario. Sus funciones incluían: correspondencia, enlaces con empresas, promoción de productos para la venta, cursos y actividades educativas y de divulgación de la AOCR y el desarrollo de material audiovisual.[296] La persona seleccionada no tenía relación con el mundo ornitológico pero, en el criterio de la junta directiva, tenía la capacidad para cumplir el trabajo básicamente administrativo y promocional. Lamentablemente nunca se desempeñó como se esperaba y generó considerables conflictos tanto en el interior de la junta como entre la membresía en general. Finalmente, al final de 2004 fue descontinuada, pero, aparte de la tensión generada sobre la promoción económica, ya el conflicto había dañado la marcha de la Asociación.

Ossenbach también retomó el compromiso científico de la AOCR y en 2003 la junta directiva nombró el comité científico, compuesto por Gilbert Barrantes, Julio Sánchez y César Sánchez, con la participación de Ossenbach. La junta directiva había autorizado la donación de fondos para tesis de investigación y la responsabilidad de velar por la marcha de los proyectos fue pasada al comité científico. No obstante, nuevamente se generó una tensión, esta vez entre miembros del comité científico y Ossenbach y, finalmente, entre la junta directiva, pues no existían líneas claras sobre quiénes—si la junta directiva o el comité científico—debían tomar la decisión sobre los fondos y la marcha de los proyectos de investigación. En fin, el proyecto de ayuda, iniciado solamente en parte, fue suspendido, y no se reinició sino hasta años más tarde. De todas maneras, a pesar del conflicto, la AOCR se comprometió, por la primera vez, a apoyar económicamente trabajos de investigación ornitológica, principalmente para tesis de grado. Luego del fallecimiento de Alexander Skutch, la junta directiva estableció el Fondo Alexander Skutch para la Investigación Ornitológica, bajo la entera responsabilidad del comité científico.

Episodio de las AICAs

Con el nombramiento del comité científico y el interés de Ossenbach de dar énfasis a la ciencia ornitológica, Julio Sánchez, en 2003, propuso que la AOCR gestionara la identificación de las áreas importantes para la conservación de las aves (AICAs), programa impulsado mundialmente por BirdLife Internacional. Como se ha indicado, la AOCR se había interesado en este proyecto desde hacía años, pero BirdLife Internacional no respondió a repetidas comunicaciones al respecto.[297] Ossenbach y la junta directiva acataron con entusiasmo la propuesta de Sánchez. Claramente representaba una nueva e importante iniciativa de la Asociación que, entonces, se animó a buscar una relación formal con BirdLife Internacional. La correspondencia entre la AOCR y BirdLife Internacional fue en este sentido. Michael Rands, director ejecutivo de Birdlife Internacional, mencionó su deseo de "formalizar una relación entre nuestras organizaciones." Asimismo, Juan Criado, ornitólogo español radicado en Costa Rica que había dirigido la identificación de las AICAs en España, recomendaba fuertemente que la AOCR sea socio de Birdlife: "Creo que la AOCR tiene un potencial enorme para hacerse el socio de BirdLife en Costa Rica …", decía Criado en una carta a Rands y otros de BirdLife Internacional.[298] BirdLife Internacional se comprometió a ver la forma de reconocer a la AOCR como parte de su red latinoamericana.[299] Al mismo tiempo, la AOCR esperaba que BirdLife financiara el proyecto de AICAs, aunque Rands solamente prometía "apoyo técnico".[300]

La junta directiva se comprometió a buscar financiamiento para el proyecto y a negociar convenios de cooperación al respecto con diversas instituciones. Sánchez fue designado coordinador y al comité científico se le encomendó la responsabilidad ejecutora.[301] A este esfuerzo se incorporó como asesor Juan Criado, por su experiencia de haber identificado las AICAs en España. A la vez, se determinó proseguir el proyecto con o sin BirdLife Internacional.

El comité científico estableció los objetivos, metodología, cronología y recursos necesarios, junto con un presupuesto preliminar, y se designaron los responsables de cada aspecto. La junta directiva se comprometió a costear el inicio del proyecto y a seguir el apoyo hasta poder contar con recursos externos.

Como paso inicial, se llevó a cabo el primer taller sobre AICAs el 9 de agosto de 2003, en la Escuela Social Juan XXIII en Dulce Nombre de Tres Ríos. Se reunieron 18 ornitólogos, guías de aves y observadores de aves. También participaron Ossenbach, como presidente de la AOCR y Roy May en representación de la junta directiva. Criado dio una explicación sobre qué era el programa de AICAs según los lineamientos de BirdLife Internacional. Se discutió cómo llevar a cabo el proyecto en Costa Rica y los pasos necesarios. César Sánchez, del comité científico, y Roy May, de la junta directiva, quedaron encargados de organizar el siguiente taller. Mientras tanto, los participantes acordaron analizar algunas propuestas preliminares de poblaciones de aves y áreas geográficas.[302] El segundo taller, con mayor participación, se realizó el 25 de octubre de 2003, en la Universidad Bíblica Latinoamericana, en Cedros de Montes de Oca. Después de escuchar el informe sobre los esfuerzos de la junta directiva en cuanto a relacionamiento y convenios con otras instituciones, el resto del tiempo del taller se dedicó a discutir la definición de los criterios que se aplicarían en Costa Rica para la definición de un "área importante para la conservación de las aves". Los ornitólogos como James Zook, Julio Sánchez y Gilbert Barrantes lideraron la discusión. El tercer taller fue planeado para marzo de 2004 pero no tuvo lugar por no haber cumplido con su parte los ornitólogos responsables de revisar la lista de aves propuesta por César Sánchez con base en los criterios definidos en el segundo taller.

Mientras tanto, la junta directiva concluyó un convenio de cooperación con el Departamento de Historia Natural del Museo Nacional de Costa Rica (MNCR) y avanzó con convenios similares con el Centro Científico Tropical y el Ministerio de Ambiente y Energía. (Estos dos últimos quedaron inconclusos). Estableció contactos con posibles fuentes de financiamiento y Criado preparó, con la participación de la junta directiva, un proyecto de financiamiento que presentó a una agencia holandesa. Estos esfuerzos no resultaron.

En este mismo período, la AOCR fue invitada a participar en un encuentro en Arizona (Estados Unidos), auspiciado por la Sociedad Audubon. La reunión iba a tratar las AICAs. La junta directiva decidió en forma unánime enviar a Criado, en vista de su experiencia en AICAs y sus relaciones en el medio de las ONGs internacionales dedicadas a las aves. Ossenbach también asistiría, cubriendo sus propios gastos.[303] Esta reunión resultó en un conflicto acrimonioso entre Criado y Ossenbach, aparentemente por discutir sobre a quién pertenecía el proyecto AICAs en Costa Rica y, por tanto, quién debería manejar el financiamiento eventual.[304]

El proyecto AICAs se convirtió en motivo de discordia extrema. Desde hacía tiempo Julio Sánchez había manifestado una fuerte molestia con la directora ejecutiva y con Ossenbach. En agosto de 2004, Sánchez comunicó a la junta directiva que había decidido "alejarse temporalmente de la Asociación, aunque sí continuaría con el proyecto AICAS".[305] No obstante, el mes siguiente se retiró definitivamente de la AOCR.[306] Mientras tanto, el comité científico solicitó autonomía de la junta directiva, con la autoridad de buscar fondos y entrar en convenios en nombre de la AOCR, sin tener que contar con la autorización de la junta directiva. Alegó, como expresaron luego en una carta, que:

> han surgido marcadas diferencias entre la directiva de la AOCR (concretamente entre el Presidente y la reciente Directora Ejecutiva) y el grupo de ornitólogos y conservacionistas ... Las diferencias se dan en la metodología y parte técnica para desarrollar el programa,

así como en el aspecto financiero ... Otro aspecto importante son las buenas relaciones interpersonales, comunicación y trato cordial, que desafortunadamente han faltado hacia nosotros y otros socios de la AOCR.[307]

Se trató de reconciliar las diferencias en una reunión entre la junta directiva y el comité científico pero resultó en fracaso. Durante la sesión, Barrantes renunció abruptamente al comité, y quedaron solamente Criado y César Sánchez.[308] Luego Criado se retiró definitivamente de la AOCR, y César Sánchez, aunque no renunció y continuó participando durante unas semanas, al fin también se apartó de la Asociación.

Al mismo tiempo, otra dimensión del conflicto se estaba generando en el interior de la junta directiva. El fiscal se retiró señalando "algunas situaciones que se han presentado",[309] alusión clara al estilo de liderato de Ossenbach. Por su parte, otra persona, miembro de la junta directiva, emprendió un conflicto contra la directora ejecutiva, Ossenbach y otros de la junta. Desconoció la autoridad de los mencionados, rechazó hablar directamente con ellos durante las reuniones, y, finalmente dejó de asistir a la junta y otras actividades de la AOCR.[310] Ossenbach, aunque había sido reelegido en mayo de 2004, ahora en octubre renunció a la presidencia y se retiró definitivamente de la AOCR.[311]

Bajo el liderato de Julio Sánchez—como coordinador del proyecto AICAs--, el comité científico, junto con otros que estaban participando en AICAs, reestableció el proyecto en forma independiente. El comité científico informó a la junta directiva que "las diferencias de tipo técnico, administrativo y personal entre el Presidente y la Directora Ejecutiva y [el comité científico y Juan Criado] hacen imposible continuar todos estos esfuerzos en el marco de la AOCR ... Debido a tal discordancia, como grupo hemos decidido continuar con este proyecto fuera del marco de la AOCR ...".[312] El comité contó con el apoyo de la Fundación para la Gestión Ambiental Participativa (FUNGAP), una ONG dedicada a la protección de pantanos (cuya directora era la esposa de Criado) y del Centro Científico Tropical (CCT), con el cual Sánchez tenía una larga relación. Después, BirdLife Internacional acordó financiar en parte el proyecto. Luego, Sánchez tomó como base el proyecto AICAs y a los participantes (casi todos miembros de la AOCR) para formar la Unión de Ornitólogos de Costa Rica (UOCR), con él mismo como presidente.[313]

Transición y reconstitución

La AOCR se vio sumamente debilitada. Perdió el proyecto de AICAs que se consideró eje central de su programación, varios socios dejaron de participar y la situación financiera era cada vez más precaria. Además, las relaciones personales de larga amistad se tornaron tensas, hasta romperse. La junta directiva padeció una especie de parálisis. En vista de las renuncias y de la necesidad de nombrar a las personas que habían de llenar esas vacantes, se convocó una asamblea extraordinaria para el 14 de diciembre de 2004.

En esa asamblea, el vicepresidente Willy Alfaro fue elegido como el tercer presidente de la AOCR para cumplir la gestión de Ossenbach. Alfaro era ornitólogo y guía de aves reconocido. El año y medio que sirvió como presidente fue de mantención. Se continuaron las charlas y las giras con buena asistencia, solucionó algunas dificultades administrativas, recibió algunos socios nuevos y algunos de los que se separaron regresaron. Se incorporó la AOCR a la red de Compañeros en Vuelo (PIF—Partners in Flight) y se dio apoyo logístico para el funcionamiento de PIF en Costa Rica. Se pudo intervenir oportunamente para frenar un "motocross" que iba a efectuarse en las cercanías de la Laguna Mata Redonda, lugar importante para las aves y dentro de terrenos designados como reserva biológica. Además, se actualizó la *Lista Oficial de las Aves de Costa Rica* y reorganizó el comité científico y preparó un reglamento especificando funciones y relaciones.[314] El mérito de Alfaro como presidente es que pudo "mantener a flote" la AOCR en una "coyuntura de naufragio". Al final de este período de transición, en la asamblea ordinaria de 2006, Roy H. May, miembro de la junta directiva desde 2002, fue elegido como presidente de la Asociación.

Etapa actual

Desde entonces, la AOCR experimenta su reconsolidación, abre nuevas relaciones y decide avances importantes tanto para el bien de la organización como para contribuir a la ornitología nacional. Continúan las charlas y giras mensuales. De importancia fundamental, va fortaleciendo al comité científico. Se reformaron los estatutos para poder aumentar el número de miembros del comité científico y así ampliar la participación y componer un verdadero equipo de trabajo en áreas ornitológicas diversas. Los aportes del comité científico son básicos para la actualización de la lista de la avifauna, la publicación de la revista *Boletín Zeledonia*, la administración del Fondo Alexander Skutch para la Investigación Ornitológica y claves para asegurar criterios técnicos referentes a otras iniciativas, como, por el ejemplo, la gestión de datos mediante monitoreos. En este período continúan las colaboraciones comenzadas en el pasado, como el censo de aves en PILA, pero se inician otras como los censos anuales en la Reserva Forestal Río Macho sector Villa Mills, el levantamiento del inventario de aves para el proyecto Ruta de Aves (Sarapiquí) y la realización de un convenio de colaboración al respecto con el Rainforest Biodiversity Group. La AOCR acepta administrar fondos de la American Bird Conservancy para sus proyectos en Costa Rica y también fondos de ProAves de Colombia, para realizar monitoreo de la *Vermivora chrysoptera* en Costa Rica. Esto tiene especial importancia como muestra de confianza en la AOCR por parte de organismos internacionales. Más, la AOCR inició una relación con el Sistema Nacional de Áreas Protegidas (SINAC) mediante el Programa de Monitoreo Ecológico de las Áreas Protegidas y Corredores Biológicos de Costa Rica (PROMEC-CR). Al mismo tiempo, retomó el convenio con el Museo Nacional de Costa Rica como oportunidad para ampliar la colaboración con el Departamento de Historia Natural. La AOCR comienza a celebrar anualmente, en formas diferentes, el Día Nacional de las Aves Migratorias, participa en diversos eventos y toma nuevas iniciativas en el campo de la educación ornitológica-ambiental. A la vez, incorporó a su programa anual cursos de diversos temas sobre aves ofrecidos tanto a los socios como al público en general y publicó un libro introductorio a la ornitología[315] y otro sobre el pensamiento de Alexander Skutch.[316] Inició una relación de asesoramiento con la Fundación del Río en Nicaragua y colabora con el Proyecto Lapa Verde que abarca tanto Costa Rica como Nicaragua. La membresía demuestra crecimiento constante y la base económica se fortalece significativamente.[317]

Aportes significativos

Durante los últimos años emergen seis ejes de trabajo especialmente significativos, tanto para la AOCR como para la ornitología nacional, a saber: el programa de charlas y giras; la *Lista Oficial de las Aves de Costa Rica*; la revista *Boletín Zeledonia*; el Fondo Alexander Skutch para la Investigación Ornitológica; la educación ornitológica y ambiental; y el Programa de Monitoreo. Vale ampliar cada uno de estos aportes.

El programa de charlas y giras

Desde finales de los 1990s, se ha podido mantener para el público general, casi sin interrupción, un programa mensual de charlas sobre avifauna y giras de observación de aves. Estas charlas tratan de diversos temas ornitológicos y educan al público sobre la avifauna. La serie es única de su género en el país. Las giras, generalmente de un solo día, visitan diferentes áreas geográficas, reservas y áreas protegidas, que permiten el conocimiento de la gran diversidad de aves del país. Reúnen a experimentados observadores de aves y a principiantes. Mediante las giras, muchas personas han aprendido cómo ser observadores de aves.

La Lista Oficial de las Aves de Costa Rica

Como se indicó, después de preparar una lista de aves en 1998, en 2002 la AOCR publicó una nueva lista de la avifauna como número especial de la revista *Zeledonia*, bajo el título *Lista Oficial de las Aves de Costa Rica*. Sin embargo, para 2004, algunos observadores de aves reclamaban la necesidad de una actualización. Percibían errores en la lista de especies pero, sobre todo, estaban convencidos de la presencia de especies que no estaban enlistadas. Así que, en 2005, se inició una actualización de la *Lista*. En aquel momento no existía el comité científico y, entonces, se decidió que la revista *Zeledonia* llevara a cabo la actualización, en vista de otro número especial.

El problema inicial fue que no existía en el país ningún protocolo o proceso para determinar una lista de especies. Otro, de índole muy práctica, tenía que ver con la inexistencia de una propuesta actualizada para ser comentada y debatida. Para solucionar este problema, Janet Woodward, colaboradora de *Zeledonia*, redactó una lista que incorporó muchas de las sugerencias. No obstante, ésta no obedecía criterios técnicos. Por esta razón, cuando Gerardo Obando, en agosto de 2006, en forma independiente, preparó una actualización con criterios técnicos, se asumió esa lista como base de la discusión. Obando propuso a la junta directiva reanudar la actualización de la *Lista Oficial* y conformar un nuevo comité científico. Para llevar a cabo la actualización, mediante la dirección de *Zeledonia* se formalizó un foro de discusión que incluía 25 ornitólogos, guías de aves y observadores de entre la comunidad ornitológica, y a los autores de la *Lista Oficial* del 2002. Al mismo tiempo se concretaron los criterios a seguir para la nueva actualización. El comité científico, nombrado como parte del proceso de la actualización, recogió los comentarios y sugerencias para actualizar la lista de aves. En el 2007, se publicó la actualización como número especial de *Zeledonia* con el título *Lista Oficial de las Aves de Costa Rica 2006*, y se hizo una presentación pública en un acto especial en el Museo Nacional de Costa Rica. Desde entonces el comité –ahora un subcomité del comité científico nombrado el Comité de Especies Raras y Registros Ornitológicos de Costa Rica-- ha refinado el protocolo para la incorporación de especies y se ha formalizado el Museo Nacional de Costa Rica como el depositario de las evidencias aceptadas como válidas. La actualización anual de la *Lista* es una de las labores principales del comité científico/ Comité de Especies Raras y Registros Ornitológicos de Costa Rica que se ha hecho hasta la fecha.[318] Desde 2012, la *Lista* también indica los nombres comunes en español aceptados como oficiales por el comité. Además de publicar la *Lista* en *Zeledonia* cada noviembre, se ha creado un sitio en la internet donde se suben los cambios según el ritmo de trabajo del comité. Así se ponen al alcance del público en general actualizaciones que constan como oficiales. Al lado de este esfuerzo, se creó otro sitio dedicado exclusivamente a la avifauna de la Isla del Coco. Hoy la *Lista Oficial de las Aves de Costa Rica* está respetada y consultada internacionalmente y el trabajo del Comité de Especies Raras y Registros Ornitológicos es referencia para la American Ornithologists' Union (AOU) en cuanto a la incorporación de nuevas especies a la lista administrada por la misma AOU.

El proceso de la actualización fue muy saludable para la AOCR. Permitió la "reincorporación" de ornitólogos y guías después del conflicto sobre las AICAs. Fue un "producto" concreto producido por la Asociación y restauró la credibilidad en ella. Asimismo, facilitó la conformación de un nuevo comité científico mejor integrado y comprometido con la Asociación.

Para la ornitología nacional, el aporte más significativo es que finalmente existe en el país un protocolo riguroso que corresponde a las políticas ornitológicas internacionales, para determinar una lista fidedigna de especies. A la vez vincula el proceso con una instancia pública, el Museo Nacional de Costa Rica, donde las evidencias están disponibles a investigadores y al público en general. Para un país con tan rica avifauna, con una industria fuerte de aviturismo y con una reputación conservacionista, nada podría ser más importante que tener un protocolo y un proceso sistemático para conocer las aves que realmente existen en el país. En este sentido, *La Lista Oficial de las Aves de Costa Rica* y el comité científico -- Comité de Especies Raras y Registros Ornitológicos de Costa Rica-- hacen un aporte muy significativo.

El Boletín Zeledonia

La revista o el boletín de la AOCR, *Zeledonia*, comenzó en julio de 1997. En el marco de la planificación para la reunión de la American Birding Association y la Association of Field Ornithologists, Carmen Hidalgo manifestó a la junta directiva la importancia de una publicación periódica de la AOCR. La idea fue que sería un boletín trimestral con artículos sobre aves y noticias de la Asociación. Hidalgo organizó el primer volumen que incluía artículos breves de Julio Sánchez (sobre el logotipo de la Asociación y acerca de José Zeledón), de Carmen Hidalgo (acerca de la torpidez o dormancia en las aves) y una nota corta sobre algunos nombres científicos. Gilbert Barrantes escribió el artículo principal sobre el endemismo de la avifauna costarricense; éste fue publicado también en inglés. El número, impreso en tamaño carta, consistía de solamente siete páginas. El segundo volumen, organizado por Barrantes, salió el año siguiente. Como el primero, contenía breves noticias y una nota sobre el significado de algunos nombres científicos. Además llevaba un artículo de Alexander Skutch sobre el comportamiento de una pareja de guacos. Este número tuvo el formato triplico; es decir, papel tamaño oficio doblado en tres partes, impreso por ambos lados. A partir de 1999, Richard Garrigues asumió la

dirección de la revista, *Zeledonia* comienza a aparecer en formato de folleto y se produjeron tres volúmenes. No obstante, desde el inicio *Zeledonia* no pudo lograr los tres números al año, a veces ni uno, así que su publicación no fue regular. Fue difícil su publicación por la falta de tiempo, falta de un diagramador y falta de recursos económicos para imprimirla. En vista de estas dificultades, en 2002, la junta directiva destacó la importancia de retomar la revista y publicarla a intervalos regulares. Se decidió hacerla semestral. Roy May asumió la dirección de la revista y Janet Woodward acordó hacer la diagramación. Para poner al día la revista, el nuevo comité editorial (además de May y Woodward, fue compuesto por Carlos Chinchilla y Alexander Pérez) publicó números pasados con fecha de 2001 y preparó el volumen de 2002 como edición doble. A partir de 2003 se publica en forma semestral cada junio y noviembre.

Con el paso del tiempo, la revista pasó de ser un boletín informativo a un medio para publicar artículos, originales, de mayor contenido ornitológico. A partir de 2006, está indexado por OWL—Ornithological Worldwide Literature—, y en 2008, se incorpora al Catalogo LATINDEX y hoy está indexado por otras bases de indización. Aunque su enfoque principal es

Costa Rica, *Zeledonia* se ha regionalizado mediante la incorporación de artículos de otros países centroamericanos. Ya no es solamente nacional sino regional. Como explica Alejandra Martínez-Salinas, que asumió la dirección del *Boletín Zeledonia* en 2011, la revista "crea un espacio a investigadores y observadores de aves de habla española en donde pudiesen contribuir al conocimiento de las aves de Costa Rica desde diferentes perspectivas y áreas de conocimiento. *Zeledonia* no publica únicamente artículos de investigación científica sino también manuscritos de historia natural, avistamientos raros y/u otras observaciones sobre la avifauna costarricense y en los últimos años sobre la avifauna Mesoamericana".[319] También, a partir de 2011—el decimoquinto aniversario del *Boletín Zeledonia*--la revista aparece con un nuevo diseño de portada y páginas. Esto se logró mediante un concurso entre estudiantes de artes gráficas de la Universidad Fidelitas, que ganó Adriana Guevara. Además, aunque la revista sigue en formato de revista impresa, desde 2011 se la distribuye principalmente en formato PDF disponible en el sitio internet de la AOCR; se imprimen ejemplares para su distribución a bibliotecas, instituciones y personas interesadas en tener la revista en papel. La consolidación de la revista es un aporte importante para la Asociación misma pues, es otro "producto" concreto, de calidad científica, que contribuye al fortalecimiento institucional y a su imagen pública.

La ciencia depende de la publicación de los conocimientos que genera. En Costa Rica, como en la región, no han existido revistas especializadas en ornitología que estén indexadas. *Biología Tropical* y *Brenesia* publican pocos artículos sobre aves, pues su enfoque está puesto mayormente en otros campos. Desde 1953, la Universidad de Costa Rica publica la *Revista Biología Tropical*. Mientras que es una de las publicaciones científicas de mayor importancia para la biología tropical, la ornitología ha ocupado poco espacio en sus páginas pues sus intereses han sido otros. Durante sus primeros 60 años, entre los centenares de artículos, solamente ha publicado 32 sobre aves; entre ellos, solamente 15 son de costarricenses. En cuanto a *Brenesia*, no aparecen artículos sobre aves en mayor número hasta los 2000. Durante los 1970s fueron publicados tres; 1980s cuatro; 1990s ocho; 2000s, 34. Así que *Zeledonia,* como revista indexada, cumple un importante servicio porque provee un medio para publicar, en el idioma español-- es este el nicho donde *Zeledonia* ha encontrado un espacio importante, según Martínez-- conocimientos ornitológicos generados en Costa Rica y la región, a la vez que promueve la publicación por parte de investigadores.

Es un espacio propiamente costarricense y mesoamericano para resaltar y promover la ornitología propia. Y la ornitología verdaderamente "costarricense y mesoamericana" no puede existir sin medios propios de publicación.

El Fondo Alexander Skutch para la Investigación Ornitológica

Si la ciencia ornitológica depende de medios de publicación, depende en primer lugar de la investigación. Hay excepciones, pero en general hay poca investigación ornitológica por parte de investigadores costarricenses. Más bien, la mayor parte se lleva a cabo por extranjeros que visitan alguna de las reservas biológicas y los resultados de la investigación se publican en el extranjero. En cuanto a la investigación ornitológica realizada por costarricenses en Costa Rica, la mayor parte es de estudiantes que están trabajando sus tesis de grado. Fuera de tesis, hay poca investigación continua y, especialmente, de largo plazo. El propósito del Fondo Alexander Skutch para la Investigación Ornitológica es promover la investigación mediante el aporte de recursos económicos, especialmente para estudiantes universitarios y sus trabajos de tesis. Entre otras, el Fondo ha apoyado investigaciones sobre vocalizaciones y comunicación entre aves, el comportamiento territorial de aves de sotobosque en bosques diversos, la relación entre colibríes y plantas, el comportamiento de poblaciones y aun la educación ambiental con énfasis en la cacería y tenencia de aves silvestres en cautiverio. Es un fondo pionero en el país, que demuestra el compromiso de la AOCR con la ciencia ornitológica y, ciertamente representa una contribución a la ornitología nacional. Además, resalta la importancia de los ideales de Alexander Skutch para la ornitología nacional.

La educación ornitológica y ambiental

Al entrar a la segunda década de los 2000, la educación ornitológica y ambiental ocupa cada vez más espacio prioritario en el programa de la Asociación. Se ha institucionalizado un curso anual introductorio a la ornitología y se programa dos o tres cursos cortos durante el año que tratan temas como la fotografía de aves, bioestadística, o la relación entre árboles y aves. Además, es frecuente la colaboración de la Asociación con talleres ambientales y ornitológicos con diversos grupos y comunidades, como también funcionarios de áreas protegidas, incluso se colabora con un grupo conservacionista en Nicaragua. Al mismo tiempo se hace presente en actividades y festivales ambientales y organiza cada año una actividad que celebra el Día Nacional de Aves Migratorias.

El Programa de Monitoreo

Finalmente se destaca el Programa de Monitoreo que va emergiendo durante los últimos años. Lo motiva la notable deficiencia en la cantidad y calidad de información básica sobre poblaciones, distribución geográfica y los cambios asociados, migraciones y hábitats de aves. En parte quiere integrar monitoreos y conteos existentes, para evitar que sean esfuerzos aislados, a la vez que busca establecer una red de estaciones permanentes, tanto terrestres como marinas, además de llevar a cabo anualmente un censo nacional de aves residentes. Asimismo se relaciona con redes internacionales como eBird. Además de generar datos, es una forma de involucrar a muchas personas comprometidas con las aves y su conservación, dándoles la oportunidad de hacer un aporte concreto como "científicos ciudadanos". La información generada aporta a las políticas conservacionistas, a la vez que provee información de interés ornitológico.

Estas son las áreas de trabajo que orientan a la Asociación. Desde su comienzo hace 20 años, la Asociación ha llevado a cabo actividades como éstas. Lo que se ve ahora es la consolidación e institucionalización de estos compromisos. Se ha logrado un nivel de mucha profesionalización en la conducta de sus actividades. El desafío del futuro será cómo asegurar la infraestructura que mantenga la continuidad de los ejes de trabajo y le permita responder con flexibilidad y creatividad a las necesidades que los próximos 20 años traerán.

Conclusión
UN NUEVO DÍA PAJARERO

Mucho ha cambiado desde el origen de la ornitología en el siglo XIX y aun desde la fundación de la AOCR. Hoy hay ornitólogos costarricenses con maestrías y doctorados investigando la avifauna nacional y aportando al conocimiento de las aves. Entre el público general, se percibe un creciente interés en las aves. Ahora la AOCR no es única. Existen otros grupos como la Fundación de Rapaces, el San Vito Bird Club, los Observadores de Aves del Valle de El General (OAVES), los Costa Rican Bird Observatories, la Cerulean Warbler Conservation, la Unión de Ornitólogos y clubes de pajareros en diversas ciudades. Más, los conteos de Navidad son numerosos; no hay espacio en el calendario de diciembre para más. Además, desde hace veinte años Costa Rica experimenta un aumento considerable en el aviturismo que, a su vez, estimula la industria "pajarera" manifestada en agencias dedicadas al aviturismo y en el nacimiento de "guías de pájaros" como una vocación profesional. Aun el Instituto Nacional de Aprendizaje (INA) y el Instituto Nacional de Biodiversidad (INBio) han incorporado cursos de capacitación ornitológica en sus programas de capacitación para guías naturalistas. La observación de aves se define cada vez más como un pasatiempo para gente común y corriente. Además de la AOCR, instituciones como la OET, el INBio, reservas como Tirimbina, o la Fundación de Rapaces, otras fundaciones conservacionistas y aun agencias comerciales, ofrecen giras de observación de aves, además cursos y talleres sobre avifauna, para el público general. Un gran cambio es que ahora se puede adquirir equipo óptico en el país y existen libros guías de aves. Antes no era así.

Es necesario señalar también la internet y las redes sociales virtuales. La AOCR fue la única cuando subió su galería de fotos de aves a su sitio web. Ahora se encuentran otros sitios, tanto de organizaciones como de individuos, donde se exhibe gran cantidad de fotos de aves. Aun ya se pueden encontrar "blogs" de observadores de aves, donde ticos comparten sus observaciones y experiencias "pajareras". Además, mucha más gente se va incorporando al disfrute y a la observación de aves mediante las redes sociales como Facebook (¡la AOCR tiene *miles* de amigos!) donde hay grupos que se interesan sobre aves migratorias, fotografía de aves y aun aves que mueren cuando se golpean contra ventanas. Esto, a su vez, cambia el sentido de membresía en organizaciones como la AOCR. Mientras que un número apreciable de personas se afilia formalmente con un grupo como la AOCR (que llenan un formulario y pagan una anualidad), muchos más se afilian (gratuitamente y sin formulario de membresía) con una red social. Son "amigos"—no "miembros"—que participan activamente en la red ornitológica. Ya tiene más sentido el hablar de "pertenencia" que de "membresía". Además, otra red son las listas de correos electrónicos que, en el caso de la AOCR, incluyen centenares de personas, grupos y agencias que han manifestado interés en actividades ornitológicas y que reciben avisos al respecto. Hace 20 años, todo era diferente.

Felizmente, hoy surge un número apreciable y creciente de ornitólogos y ornitólogas con maestrías y doctorados. Esto claramente señala que la ornitología tendrá un espacio más amplio en el futuro. Al mismo tiempo, significa que habrá mucha más igualdad de poder entre la ornitología costarricense y la ornitología extranjera que se realiza en el país.

Con éstos y las muchas otras personas comprometidas con las aves, hay que bregar con nuevos desafíos ornitológicos. Estudios importantes del pasado sobre distribución e historia natural, deberían actualizarse y reevaluarse frente al cambio climático y el deterioro ambiental. Sabemos poco de cómo éstos afectan a las poblaciones de aves. En este sentido, siempre hay que actualizar los datos sobre grupos específicos, como por ejemplo los psittácidos, pues sus situaciones van cambiando. En cuanto a aves marinas, no sabemos casi nada. Hasta ahora falta mucho en el monitoreo de lagunas y pantanos, sus aves y situaciones ambientales. Es necesario abrir nuevos enfoques de investigación, como la recuperación de conocimientos locales y de los pueblos originarios. Asimismo se exige un verdadero compromiso entre la ornitología profesional y la ciencia ciudadana que, sin duda, será clave para generar información. Esto será con el apoyo de herramientas modernas en-línea.

El gran reto es que este creciente interés y compromiso se combinen en un espíritu común de cooperación y colaboración. Si no, el individualismo y el divisionismo sólo perjudicarán el estudio de las aves y, sobre todo su conservación. Para concluir, tomo como mías las palabras proféticas que Gilbert Barrantes pronunció hace muchos años:

> En el presente una nueva generación de ornitólogos tiene en sus manos la difícil tarea de continuar la senda que trazaron tantos ilustres ornitólogos en el pasado. El reto es doblemente difícil porque tenemos la responsabilidad de continuar generando información acerca de historia natural, ecología y evolución de nuestra avifauna, y además tenemos la obligación de enfocar nuestro esfuerzo en pro de la conservación de nuestra avifauna. Es aquí donde se hace necesario un esfuerzo conjunto de ornitólogos y todos aquellos que de una u otra manera apreciamos las aves para luchar como un solo frente en contra de la amenaza de extinción que acecha a nuestra avifauna.[320]

APÉNDICES

CARTA DE RIDGWAY A ZELEDÓN

Carta a José Zeledón de Robert Ridgway, 5 junio 1889. Fuente: Museo Nacional de Costa Rica. Ridgway menciona personas de mutuo conocimiento, la trágica inundación de Johnstown, manifiesta su satisfacción que Zeledón haya regresado a Costa Rica sin problema y envíe saludos a Anastasio Alfaro y George Cherrie. Además explica que había nombrado la recién descubierta Zeledonia. Al respecto dice:

> He nombrado, como le dije que haría, el nuevo género Zeledonia y lo he llamado Z. coronata. Se me ocurra, sin embargo, que Señor Alfaro siendo el recolector y también el que envió el espécimen, podría sentirse menospreciado si no está reconocido en el nombramiento del ave. Dado que el nombre no será publicado por algún tiempo todavía, por favor déjame saber acerca de esto en la brevedad posible. He concluido que el ave probablemente es un miembro anómalo de los Oscines, y si no representa una nueva familia debería ser referida a Turdidae, cerca Catharus donde Señor Alfaro, con excelente juicio, lo puso. (Traducción propia)

Aparentemente no hubo problema entre el nombramiento del ave y la relación personal con Alfaro. Actualmente *Zeledonia coronata* está clasificada como Parulidae.

Smithsonian Institution
Washington, D.C.
June 5, 1889.

My dear José:

Your letter of May 24th came to hand today, and I immediately attended to the matters of the stands and subscription to the "Auk". I have been working on the Costa Rican birds still here, with the hope that I could get them back to you soon, but so many matters have to be attended to I do not get much time for the purpose. When they are returned we will send what additional species of the desiderata of your museum we have to spare.

I presume Mr. Jiménez has returned to Costa Rica, for he called to see me one day while I was over in the city of "shopping". John saw him for a moment. If he has returned, please tell him I am very sorry not to have seen him, & that I trust his mission to this country was a success. By the time this reaches you or perhaps sooner you will have heard of the terrible disaster in the mountains of western Pennsylvania, where, by a cloud-burst and the breaking of a reservoir several towns were utterly demolished, including one (Johnstown) of 25000–30000 inhabitants, and, at the latest estimate, not less than 10,000 people drowned and 25000 others rendered homeless and bereft of relations. The damage here also was great along the river front; part of the long bridge gone, and Pennsylvania Avenue, "B" street, etc., passable only by boats. All the bridges across the river at Laurel are washed away, but no lives lost.

I am glad to know that you have returned safe to Costa Rica and that you had a pleasant voyage.

I have, as I said I would, named the new genus *Zeledonia* & called it *Z. coronata*. It has occurred to me, however, that Mr. Alfaro being the collector & also sender of the specimen he would feel slighted by not being recognized in the naming of the bird. As the name will not be published for some time yet, please let me know about this at your very earliest convenience. I have concluded that the bird is probably an anomalous member of the *Oscines*, and if not the representative of a new family should be referred to the *Turdidae*, near *Catharus*, where Mr. Alfaro, with excellent judgement, placed it.

Please remember me kindly to Mr. Alfaro, to whom I should have written had I not been so extremely busy. I will write to him as soon as I can, however. Remember me also to

Mr. Cherrie, whom I hope has got well started in his work, and pleased with his new position.

With kind regards
  Sincerely your friend
    Robert Ridgway

Mr. José C. Zeledón
 San José
  Costa Rica.

Páginas del libro de registro de la colección de aves del Museo Nacional de Costa Rica

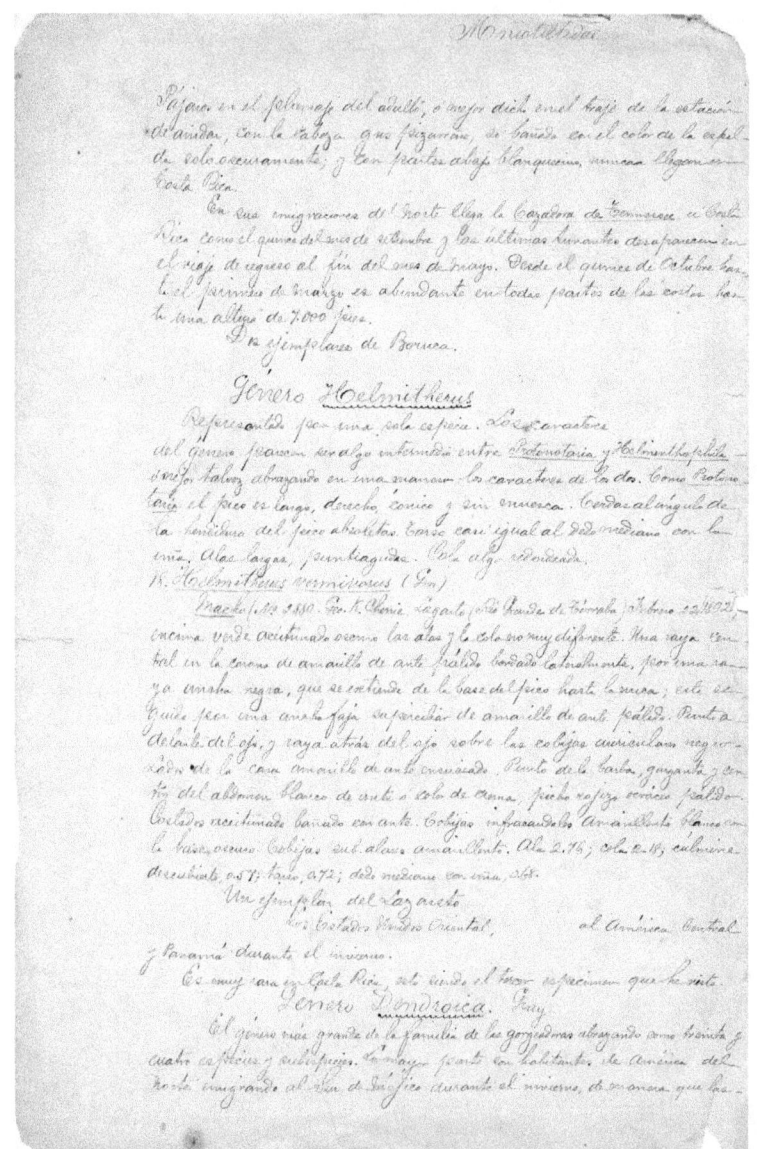

Descripción de aves, libro de registro de aves original del Museo Nacional de Costa Rica

2. Mniotiltidae

once especies que se encuentran en Costa Rica no son mas que visitadores invernales.

Los caracteres comun al género son: pico cónico, un poco deprimido á la base y con cerdas al pico; cerdas al ángulo de la hendidura del pico ligeramente desarrolladas; dedo mediano con la uña mas corta que el tarso; alas muchas mas largas que la cola; primera y segunda primarias las mas largas. Timoneras laterales siempre con manchas amarillas ó blancas. Colores muy variable.

Llave de las especies del género Dendroica de Costa Rica

a. Timoneras laterales con manchas blancas en las barbillas internas
  b. Rabadilla amarilla
    c. Mancha coronal, amarilla (mas ó menos oculta en hijuelos)
                         (2.) D. coronata (Linn.) p.
    c'. Sin mancha coronal de amarillo (10) D. maculosa (Gm.) p.
  b'. Rabadilla no es amarilla.
    c. Espalda gris azulejo ó cenicero gris (11) D. dominica (Linn.) p.
    c'. Espalda no es cenicero ni gríseo uniforme.
      d. Garganta y pecho ceniciento blanco, crissum blanco (mas veces con un tinte ligero de amarillo); machos adultos con una raya castaño en los lados del pecho. (5) D. pennsylvanica (Linn.) p.
      d'. Garganta y pecho mas ceniciento blanco.
        e. Espalda, amarillento aceitunado claro y vivo uniforme; y sin seña de rayas oscuras; fajas superciliares amarillas; abajo costados rayados con negruzco. (1) D. virens (Gm.) p.
        e'. Espalda no es amarillento aceitunado claro uniforme.
          f. El blanco en la barbilla interna de las timoneras laterales ocupando no mas que la mitad de la barbilla (usualmente menos).
            g. Ala no mas que 2.70 de largo. (6) D. caerulea (Wils.) p.
            g'. Ala mas que 2.70 (4) D. castanea (Wils.) p.
          f'. El blanco en la barbilla interna de las timoneras laterales ocupando mas que la mitad de la barbilla. (3) D. blackburniae (Gm.) p.
  a'. Timoneras laterales con amarillas barbillas internas.
    b. Tarso no mas que 0.75 (usualmente menos) y barbillas internas de las timoneras laterales, con negruzco, ú oscuro, _____ dominando.
      c. Machos adultos, cabeza entera castaño, garganta inferior y pecho rayado con el color de la cabeza. Hembras sin cabeza castaña y las rayas abajo mucho mas pálidas. Hijuelos semejantes á las hembras pero amarillento blanco abajo. Habita la costa Atlantica.
                    (8) D. aestiva bryanti. Ridgw.

16. **Mniotilta varia** ( ) **Cazadora Rayada**
Macho, encima negra rayado con blanco y abajo blanco con rayas negras. Timoneras laterales con manchas blancas en las barbillas internas. Alas con dos fajas blancas, siendo las puntas de las cobijas grandes y medianas, blancas. En machos __adultos__ la garganta está crecientemente negra. Macho hijuelo, y garganta blanca inmaculada. __Hembra adulta__ como el macho hijuelo pero colores menos vivos y alapado teñido con negruzco ante. Ala 2.92; cola 2.55; culmine descubierto, 0.44; tarso 0.77.

Tres ejemplares de Boruca.

__Habitat__ América Norte Oriental al Sur durante el invierno á América Central, Colombia y Venezuela.

La cazadora rayada llega á Costa Rica como el veinte del mes de agosto y no desaparece hasta el primero de Marzo.

Género __Helminthophila__

Este género tiene cinco representantes en la América Central. Sin embargo no mas que dos han sido descubiertos en Costa Rica. Los caracteres mas   y comunes á todas las especies del género son: pico cónico
Cerdas a la hendidura del pico   Alas largas y
Tarso mas largo que el dedo mediano con la uña.

Las dos especies que se encuentran en Costa Rica, se distinguen una de la otra fácilmente como sigue:

__Clave á las especies de Helminthophila__
a. Timoneras laterales con una mancha blanca, conspicuo; colores encima glisos, abajo blanquecino; mancha amarilla en la ala y la frente   (1) H. chrysoptera (Linn.)
a'. Timoneras laterales sin mancha conspicua; colores encima aceitunado verdosa, abajo amarillento blanco; sin mancha amarilla en la frente ni en la ala   (2) H. peregrina (Wils.)

17. __Helminthophila peregrina__ (Wils.) __Cazadora de Tennessee__
Presento la descripción de un ejemplar cogido en San José.
__Macho__ (N° 4.096 Museo Nacional San José Octubre 27/1889 Geo. K. Cherrie) encima aceitunado verde mas claro en la rabadilla. Cabeza ceniciento lavado con verde aceitunado. Alas y cola oscura. Barbillas externas de las timoneras bordados con el color de la espalda. Barbillas inter-

Registro de aves, libro de registro de aves original del Museo Nacional de Costa Rica

132 Colección

Número	Nombre	Procedencia	Fecha
2.601	Anous stolidus	Florida	
2	Linus haemorrhoa	Illinois	
3	Spertyp hypogaea	Texas	
4	Totanus flavipes	Indiana	
5	Aegialitis nivosa	California	
6	" collaris	Mexico	
7	Tringa maculata	Kansas	
8	" bairdii	Montana	
9	" fuscicollis	Newfoundland	
2.610	" minutilla	Labrador	
11	Calidris arenaria	North Carolina	
12	Micropalma himantopus	Dakota	
13	Ardeostoma carolinensis	Florida	
14	" "		
15	Piranga erythromelas sebt	Veragua	
16	Myiarchus tyrannulus	South America	
17	Ptochilion luinifrous	Indiana	
18	Coturniculus passerinus	Virginia	
19	Sendiora caetanea	Illinois	
2.620	Sendiora pardalotes	Costa Rica	
1	Sendiora caerulea	Indiana	
2	Certhia superciliosa	South America	
3	Sittosomus sylviodes	Mexico	
4	Empidonax acadicus	Virginia	
5	Pyrocephalus mexicanus	Arizona	
6	Empidonax minimus	Michigan	
7	Tumanato superciliaris	Yucatan	
8	Tyrannus vociferans	Arizona	
9	Contopus borealis	California	
2.630	Tyrannus dominicensis	Jamaica	
1	Chaetura gaumeri	Yucatan	
2	Sendiora caetanea	Maryland	
3	Tyrannus carolinensis	Dakota	
4	" "		
5	Stelgidopteryx serripennis	California	
6	Myiarchus cinerascens	Costa Rica	
7	Ptochilion luinifrous	Utah	
8	Myiobaldis typica	Guatemala	
9	Tenaps gularis	"	
2.640	Pyrocephalus mexicanus	Texas	

de Aves

Entrada	Nombre en el Colegio	Colectado por	Notas
1899		Capt. Woodbury	Obsequiado por el U. S. National Museum
74108		J. C. Bowman	"
76747		Am Mus Nat Hist	"
79486		Beverly & Carlile	"
115115		A. Forrer	"
57723		F. Sumichrast	
54447		E. Coues	Obsequiado al Colegio 35 " U.S. 1893
67705		"	Obsequiado al Colegio 35 " U.S. 1893
111816		Th. Palmer	"
111801		"	"
55595		E. Coues	
67618		"	Obsequiado al Colegio U.S. 1893-94
58075		J. Bell	"
87911		"	"
13299		E. Coues	"
8712		S. F. Baird	"
105055		R. Ridgway	"
111920		"	
80719		H. K. Coale	"
66279		W. M. Gall	"
104976		R. Ridgway	"
47748		H. K. Coale	"
47625		F. Sumichrast	"
84034		Th. Palmer	"
99180		E. W. Nelson	"
113434		G. W. Palmer	"
106313		G. P. Gammer	"
99046		E. W. Nelson	"
9242		C. H. Townsend	"
57554		G. N. Allen	"
106897		G. P. Gammer	"
17655		G. Schoemaker	"
63902		E. Coues	"
63904		"	"
98287		C. H. Townsend	"
64826		J. C. Ralston	"
11624		C. Drake	,
58307		S. Van Patten	"
58111		J. Wilson	"
74281		Merrit	"

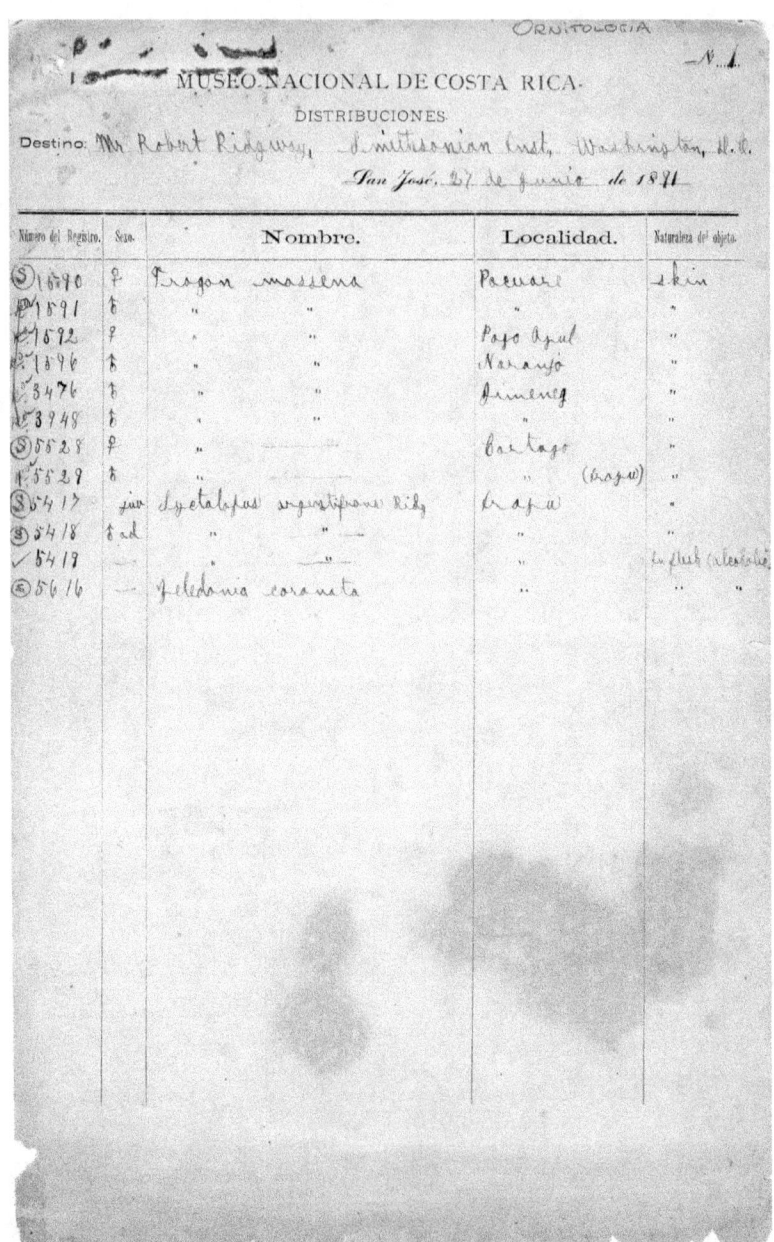

Registro de préstamo de aves para su estudio, libro de registro de aves original del Museo Nacional de Costa Rica

Año 1892-1893   N° 10

MUSEO NACIONAL DE COSTA RICA
DISTRIBUCIONES

Destino: Sr. L. J. Guzmán para la Exposición de Chicago

San José, 14 Abril de 1893

Número del Registro	Sexo	Nombre	Localidad	Naturaleza del objeto
3267	♂	Ramphocelus passerini	Pozo Azul de Pirris	Piel
3372	♂	" "	Jimenez, Santa Clara	"
120	♂	" "	Esparta	"
774	♀	Campephilus guatemalensis	Tres Ríos	"
458	♀	Campephilus guatemalensis	Juan Viñas	"
419	♀	Campephilus	"	"
2267	♂	Melanerpes formicivorus	El Achiote Pozos	"
53	♂	Ramphastos tocard	Naranjo, Cartago	"
1	♂	Euphonia hirundinacea	"	"
6	♀	Ramphastos carinatus	"	"
2	♀	Melanerpes formicivora	Volcán Irazú	"
68	♂	" "	"	"
526	♀	Momotus lessoni	Alajuela	"
3185	♀	" "	"	"
5848	♂	" "	San Sebastián, San José	"
2074	♂	" "	Alajuela	"
276	♀	Pteroglossus frantzi	Tres Ríos	"
1736	♂	" "	Pozo Azul Pirris	"
3513	♂	" torquatus	Jimenez, Santa Clara	"
4123	♂	" "	" "	"
604	♂	Aulacorhamphus caeruleogularis	Juan Viñas	"
5347	♂	" "	Naranjo Cartago	"
430	♂	Trogon martii	Jimenez	"
432	♀	" "	"	"
336	♂	Amazona auropalliata	"	"
4708	"	Amazona auropalliata	Bebedero	"
5013	♀	Pyrigisoma sp	"	"
8124	♂	Crotophaga sulcirostris	Alajuela	"
1734	♂	" "	San José	"
348		Ara militaris	"	"
4700	♀	" macao	Bebedero	"
849	♀	" "	Palmar Río Grande	"

LISTA PARCIAL DE ASISTENTES AL PRIMER CONGRESO ORNITOLÓGICO

(El informe final del congreso no contiene una lista de participantes. Esta lista está compuesta por los nombres de las personas que presentaron ponencias, además los nombres del equipo organizador).

Montserrat Carbonell
Julio Sánchez
Claudia Longo
Gilbert Barrantes
Daniel Hernández
Michael McCoy
Alexander Skutch
Ghisselle Ma. Alvarado Quesada
Claudette L. Mo
Timothy C. Moermond
Eduardo Santana
John L. Huff
Carmen Hidalgo
Luis Fdo. Corrales
Ricardo Soto
Juan M. Rodríguez
Rodrigo Morera Ávila
Timothy Wright
Tom A. Langen
Ana Pereira
George V.N. Powell
Robin Bjork
Vicente Espinoza
Carlos Guidon
Thomas A. Sisk
Christopher Vaughan
Leonel Marineros
Mercedes Diaz Herrera
Francisco Hernández
Julián Monge-Nájera
Javier Soley

Lizela Bermúdez
David Norman
Rafael Solano Madriz
Marco Tulio Saborío
David Westcott
Alan Smith
Eduardo Naranjo
Teresa Zúñiga
Jaime Rau
Nidia Arguedas

LISTA DE SOCIOS FUNDADORES DE LA AOCR

"todo aquella persona que haya estado presente en la Asamblea Constitutiva y firmado el acta correspndiente." (Estatutos de la AOCR)

Alexander Skutch (qepd)
Anayansi Aguilar Bruno
Carmen Hidalgo Calderón
Claudio del Valle Hasbun
Dora Ingrid Rivera Luther
Francisco Durán Alvarado
Gilbert Barrantes Montero
Ghisselle Alvarado Quesada
Geisel Mora Cerdas
Johnny Villarreal Orias
Jorge Hernández Benavides
Julio Sánchez Pérez (qepd)
Marco Tulio Saborío
Mario Olmos Madrigal
Marko Vega Zuñiga
Oscar Manuel Pacheco González
Pamela Lankester Walker (qepd)
Rafael Solano Madriz
Rafael Guillermo Campos Ramírez
Richard James Zook
Ruth Rodríguez Barrantes
Sergio Volio Bengoechea
Jorge Arturo González Villalobos

José Hilario Piñar Peraza
Montserrat Carbonell González

Lissette Rodríguez Barrantes (qepd) (abogada de la asamblea constituyente, *pro bono*)

Primera Junta Directiva

Presidente: Julio Sánchez Pérez (qepd)
Vicepresidente: Gilbert Barrantes Montero
Secretario: Rafael Solano Madriz
Tesorera: Ruth Rodríguez Barrantes
Vocal primero: José Hilario Piñar Peraza
Vocal segundo: Rafael Campos Ramírez
Vocal tercero: Ghisselle Alvarado Quesada
Fiscal: Oscar Pacheco González

Notes

1 Melbourne Carriker Jr., "History of the ornithology of Costa Rica". An annotated list of the birds of Costa Rica, including Cocos Island. *Annals of the Carneigie Museum* VI/4 (August 1910): 357-368.

2 Michel Montoya, "Notas históricas sobre la ornitología de la Isla del Coco, Costa Rica". *Brenesia* 68 (2007): 37-57.

3 Gerardo Obando, "Cronología—152 años construyendo una lista de la avifauna de Costa Rica". *Zeledonia* 16/2 (2012): 48-69.

4 Vea Julián Monge-Nájera y Zaidett Barrientos Llosa, "Las ciencias y el medio siglo de la Universidad de Costa Rica". *Külina* XV/1-2 (1991): 323-330; Ronald Díaz Bolaños y Flora Solano Chaves, "Los orígenes de las ciencias naturales en Costa Rica (1723-1888)". Ponencia presentada al VIII Congreso Nacional de Ciencias, 27-28 agosto, 2006, Guácimo, Limón, Costa Rica. También: Giovanni Peraldo Huertas, comp., *Ciencia y técnica en la Costa Rica del siglo XIX*. Cartago: Editorial Tecnológica de Costa Rica, 2002.

5 Rafael Lucas Rodríguez C., "Historia de la Biología en Costa Rica". Conferencia dictada en el marco del Seminario Monográfico de Costa Rica, Centro Universitario Regional de San Ramón, Universidad de Costa Rica, diciembre de 1972. Mimeografiada.

6 L.D. Gómez y J.M. Savage, "Investigadores en aquella rica costa: biología de campo costarricense 1400-1980". En: Daniel H. Janzen, ed. *Historia natural de Costa Rica*. Trad. de Manuel Chavarría y Luis Diego Gómez. San José: Editorial de la Universidad de Costa Rica, 1991, 1-11.

7 Víctor Hugo Méndez Estrada y Julián Monge-Nájera, *Costa Rica: historia natural*. San José: EUNED, 2010, 201-230.

8 Por ejemplo, Jorge León Arguedas, "La exploración botánica de Costa Rica en el siglo XIX". En: Peraldo Huertas, *Ciencia y técnica en la Costa Rica del siglo XIX*, 129-186.

9 Bernal Rodríguez-Herrera, D.E. Wilson, M. Fernández, W. Pineda, "La

mastozoología en Costa Rica: historia, recolecta, localidades y composición de especies". *Brenesia* 63-64 (2005): 89-112.

10 J.M. Savage, "History of herpetology". *The Amphibians and Reptiles of Costa Rica: a herpetofauna between two continents, between two seas*. Chicago: University of Chicago Press, 2002, 34-52.

11 L. Hilje, *Karl Hoffmann: naturalista, médico y héroe nacional*. Santo Domingo de Heredia: INBio, 2006. Hilje ha publicado artículos diversos sobre estos naturalistas y José Zeledón. Vea especialmente: *Trópico agreste. La huella de los naturalistas alemanes en la Costa Rica del siglo XIX*. Cartago: Editorial Tecnológica de Costa Rica, 2013.

12 Carlos Abarca Jiménez, *Alexander Skutch: la voz de la naturaleza*. Santo Domingo de Heredia: INBio y CCT, 2004.

13 Julián Monge-Nájera y Víctor Hugo Méndez Estrada, "Dos colosos de la biología costarricense del siglo XIX: Anastasio Alfaro y Henri Pittier" y Bernal Rodríguez-Herrera, "Los taxidermistas del Museo Nacional, su aporte a la zoología de Costa Rica". En: Peraldo Huertas, comp., *Ciencia y técnica en la Costa Rica del siglo XIX*, 323-343; 347-374.

14 Monge-Nájera y Barrientos Llosa, "Las ciencias y el medio siglo de la Universidad de Costa Rica"; J.E. García, "Breve historia de la Escuela de Biología de la Universidad de Costa Rica (1957-2009)". *Revista de Biología Tropical* 57/ Suppl. 1 (noviembre 2009): 1-14; J.M. Gutiérrez, "Instituto Clodomiro Picado de Costa Rica: 25º aniversario". *Revista de Biología Tropical* 44/2A (agosto 1996): 349-352.

15 En 1993 Skutch tenía 89 años y su esposa Pamela Lankester un poco menos. Para asegurar su presencia en la asamblea constituyente, Julio Sánchez los hizo traer de Pérez Zeledón. Com. pers. de J. Sánchez, 10 de octubre de 2012.

16 Julio E. Sánchez, "Nuestro logotipo, una dedicación a José Cástulo Zeledón". *Zeledonia* 1/1 (julio 1997): 2. Julio Sánchez hizo el dibujo original.

17 Vea los Estatutos de la AOCR.

18 "Editorial". *Zeledonia* 1/1(julio 1997): 1. La autora es Carmen Hidalgo, quien fue la directora de la revista.

19 *Ibid*.

20 Gilbert Barrantes, "Editorial". *Zeledonia* 2 /1 (agosto 1998):1.

21 A.V. Frantzius, "Distribución geográfica de las aves costa-ricenses (sic), su modo de vivir y costumbres". En: Leon Fernández, *Colección de documentos para la historia de Costa Rica*. San José: Imprenta Nacional, 1882. [*Journal f. Ornith*.

Jahgang XVII/100 (1869).]

22 Percy Denyer, Guillermo E. Alvarado y Teresita Aguilar. "Historia geológica." Pp. 155-167 en Percy Denyer y Siegfried Kussmaul, comp. *Geología de Costa Rica*. Cartago: Editorial Tecnológica de Costa Rica, 2000.

23 Gary Stiles, "Aves". Pp. 515-629 en Daniel Janzen, ed. *Historia natural de Costa Rica*. San José: Editorial de la Universidad de Costa Rica, 1991; Gary Stiles y Alexander Skutch, *Guía de aves de Costa Rica*. Santo Domingo de Heredia: INBio, 1995.

24 Denyer, Alvarado y Aguilar, "Historia geológica", 155-167.

25 Stiles y Skutch, *Guía de aves de Costa Rica*, 47

26 *Ibid.*

27 *Ibid.*

28 *Ibid.*

29 *Ibid.*, 48.

30 *Ibid.*

31 *Ibid.*

32 Gilbert Barrantes, "The role of historical and local factors in determining species composition of the Highland avifauna of Costa Rica and Western Panamá." *Rev de Biología Tropical* 57 Suppl. 1 (2009): 333-349.

33 *Ibid.*, 337-338.

34 *Ibid.*, 340.

35 Ana L. Valerio y César A. Laurito. "Primer registro de aves fósiles (Pelecaniformes: Pelecanidae y un probable Odontopterygiformes: Pelagornithidae) del Mioceno Superior de Costa Rica." *Revista Geológica de América Central* 49 (2013): 25.

36 *Ibid.*, 29.

37 *Ibid.*, 27.

38 *Ibid.*

39 *Ibid.*, 28.

40 *Ibid.*, 26.

41 Patricia Fernández E., "Aves de piedra, barro y oro en la Costa Rica precolombina". En: Patricia Fernández E. y Julio E. Sánchez, *Aves de piedra, barro y oro en la Costa Rica precolombina/Birds of Stone, Clay, and Gold in pre-*

Columbian Costa Rica. San José: Fundación Museos del Banco Central, 2009, 11.

42 Julio E. Sánchez, "El mundo de las aves". En: P. Fernández E. y J. E. Sánchez, *Aves de piedra, barro y oro en la Costa Rica precolombina/Birds of Stone, Clay, and Gold in pre-Columbian Costa Rica*, 123-140.

43 Nicole Sault, "Bird Messengers for All Seasons: Landscapes of Knowledge among the Bribri of Costa Rica". En: Sonia Tidemann y Andrew Gosler, eds. *Ethno-ornithology, Birds, Indigenous Peoples, Culture and Society.* Londres: Earthscan, 2010, 293.

44 Fernández, "Aves de piedra…", 29.

45 *Ibid.*, 37.

46 Vea: Elvin Fernández, *et. al. Conocimiento indígena sobre aves de Talamanca.* Boletín técnico no. 25. Turrialba: CATIE, 2005.

47 Sault, "Bird Messengers for All Seasons: Landscapes of Knowledge among the Bribri of Costa Rica", 293.

48 Michel Walters, *A Concise History of Ornithology.* New Haven: Yale University Press, 10.

49 España estuvo notablemente ausente en este interés. Aunque lanzó importantes expediciones en el siglo XVIII y estableció importantes jardines botánicos en Lima y México, aquéllas y éstos dejaron poca impresión en España; incluso algunos de sus informes ni fueron publicados sino hasta siglos después. Carlos Ossenbach concluye: "Muchas colecciones se perdieron, otras fueron vendidas al extranjero y el resto permaneció guardado en viejas bodegas sin que nadie se interesara por ellas hasta muy entrado al siglo XX. Muy poco se publicó y en forma muy incompleta". C. Ossenbach, "Las expediciones de los naturalistas y científicos españoles del siglo de las luces". Una charla ante la AOCR, 8 de marzo 2004, policopiado, 61.

50 James L. Peters, "Outram Bangs, 1863-1932". *The Auk* L/3 (julio 1933): 270.

51 George K. Cherrie, *Dark Trails, Adventures of a Naturalist.* New York y London: G.P. Putnam´s Sons, 1930, 129.

52 Scott Weidensaul, *Of a Feather, A Brief History of American Birding.* Orlando: Harcourt, Inc., 137-138.

53 *Ibid.*, 107. El capítulo desarrolla la idea.

54 Vea los relatos recordados en Kevin Winkler, ed., *Moments of Discovery. Natural History Narratives from Mexico and Central America.* Gainseville: University of Florida Press, 2010. Muchas de las narrativas personales incluidas en este volumen relatan la recolección de especímenes. Varias de las fotografías

de los ornitólogos los muestran con sus escopetas y posando con los pájaros muertos para sus colecciones.

55 Mark V. Barrow, *A passion for birds: American ornithology after Audubon*. Princeton, New Jersey: Princeton University Press, 1998, 43-45. Para actitudes de la ciencia biológica hacia mujeres como biólogas y mujeres en general durante el siglo XIX, vea: Carolina Martínez Pulido, *La presencia femenina en el pensamiento biológico*. Madrid: Minerva Ediciones, 2006.

56 O. Salvin y F. Godman, "Description of new birds from Costa Rica". *Proceedings of the Zoological Society of London* 31(1863):187.

57 Robert Ridgway, "Un invierno con las aves de Costa Rica". *Zeledonia* 9/2 (noviembre 2005):3-13. [Robert Ridgway, "A Winter with Birds in Costa Rica". *The Condor* VII/6 (noviembre-diciembre 1905).]

58 Cherrie, *Dark Trails*, 129.

59 Esta aseveración está fundamentada en conversaciones personales con algunos estudiantes y otros que cuestionan la ética de la recolección de especímenes, además de la existencia en el país de organizaciones dedicadas a los derechos de los animales.

60 Se insiste en la importancia continuada de las colecciones de aves. Vea: Kevin Winkler, "Comentary: Bird Collections: development and use of a scientific resource". *The Auk* 122/3 (2005): 966-971.

61 Walters, *A Concise History of Ornithology*, 10.

62 J.V. Remsen, Jr., "The importance of continued collecting of bird specimens to ornithology and bird conservation". *Bird Conservation International* 5 (1995): 145-180; François Vuilleumier, "The need to collect birds in the Neotropics". *Ornitología neotropical* 9 (1998): 201-203; Andrés M. Cuervo, Carlos Daniel Cadena y Juan Luis Parra, "Seguir colectando aves en Colombia es imprescindible: un llamado a fortalecer las colecciones ornitológicas". *Ornitología Colombiana* 4 (2006): 51-58. Para el punto de vista contra la recolección de aves, vea: Thomas M. Donegan, "Is specimen-taking of birds in the Neotropics really 'essential?' Ethical and practical objections to further collections". *Ornitología neotropical* 11 (2000): 263-267.

63 Con estos tres, también se menciona a Franz Ellendorf. Ellendorf era amigo de Hoffmann y von Frantzius radicado en Costa Rica cuando ellos llegaron. Los acompañó en algunos viajes de recolección, pero regresó poco después a Alemania. Se sabe poco de Ellendorf en Costa Rica. Vea: Luko Hilje, "El valiente y generoso Dr. Ellendorf". *Tribuna Democrática*, 22 de mayo de 2008. www.tribunademocrática.com/2008/05/el_valient-y-generoso-dr-ellendorf.

64 Carlos Ossenbach Sauter, "Josef Ritter von Warscewicz (1812-1866)". *Biocenosis* 23/11 (2010): 56-61; Vea también: Jorge León Arguedas, "Exploración botánica de Costa Rica en el siglo XIX". En: Peraldo Huertas, *Ciencia y técnica en la Costa Rica del siglo XIX*, 138; Hilje Quirós, *Trópico agreste*, 294-300.

65 J. Gould, "Descriptions of new birds". *Proceedings of the Zoological Society of London* (1850): 91-93. Disponible en: http://www.ots.ac.cr/rdmcnfs/datasets/biblioteca/pdfs/nbina-12095.pdf

66 O. Salvin, "Note on the Costa-Rican Bell-bird (Chasmorhynchas tricarunculatus, *Verreaux*) and its allies". *The Ibis* 1 New Series (1865): 90.

67 Vea: Luko Hilje Quirós, *Karl Hoffmann: naturalista, médico y héroe nacional*. Santo Domingo de Heredía: INBio, 2006; Luko Hilje Quirós, *Karl Hoffmann: cirujano mayor del Ejército Expedicionario*. Alajuela: CUNA, 2007; Hilje Quirós, *Trópico agreste*. Estas obras tratan extensamente sobre Hoffmann y Von Frantzius. Además vea: Francisco Durán, "En alas de antaño. Los primeros investigadores de nuestra avifauna. Alexander von Frantzius". *Zeledonia* 1 (noviembre 2000): 18.

68 Jorge A. Amador Astúa, "Los albores de la física y el desarrollo de la meteorología en Costa Rica". En: Giovanni Peraldo, comp., *Ciencia y técnica en la Costa Rica del Siglo XIX*, 196.

69 Hilje Quirós, *Trópico agreste*, 336.

70 Luko Hilje Quirós, *Karl Hoffmann: naturalista, médico y héroe nacional*, 98-100.

71 En cuanto a plantas, el género *Frantzia* (Cucurbitaceae). Las aves son: *Cartharus frantzii* (tordo de capa rojiza); *Elaenia frantzii* (Elainia montañera); *Nothocercus bonapartei* (antes *Nothosercus frantzii* y *Tinamus frantzii*) (Tinamú serrano); *Pteroglossus frantzii* (cusingo); *Semnornis frantzii* (cabezón cócora); *Tangara icterocephala frantzii* (tangara dorada). Vea: L. Hilje Quirós, *Karl Hoffmann, naturalista, médico y héroe nacional*, 111.

72 A.V. Frantzius, "Distribución geográfica de las aves costa-ricenses (sic), su modo de vivir y costumbres". En: Leon Fernández, *Colección de documentos para la historia de Costa Rica*. San José: Imprenta Nacional, 1882. [*Journal f. Ornith.* Jahgang XVII/100 (1869).]

73 *Ibid.*, 403.

74 *Ibid.*, 387.

75 Hilje, *Karl Hoffmann: naturalista, médico y héroe nacional*, 112; Vea: Hilje, *Trópico agreste*, 198-208.

76 O. Salvin, "Note on the Costa-Rican Bell-bird (*Chasmorhynchas tricarunculatus, Verreaux*) and its allies". *The Ibis* 1 New Series (1865): 90-95. [Disponible en: https://books.google.co.cr/books?id=jQNHAQAAMAAJ &pg=PA90&lpg=PA90&dq=capitan+dow+and+osbert+salvin&source =bl&ots=9u0nlXb3B2&sig =mjVEzxJ35BhZPhf147ozmWhIWdo&hl=es&sa=X& redir_esc=y#v=onepage&q=capitan%20dow%20and%20osbert%20 salvin&f=false].

77 Gerardo Obando, "Cronología-152 años construyendo una lista de la avifauna de Costa Rica". *Zeledonia* 16/2 (2012). [Philip Lutley Sclater y Osbert Salvin, "On the ornithology of Central America". *Ibis* 1 (1859):1-3].

78 Osbert Salvin y Frederick Ducane Godman, eds., *Biologia Centrali-Americana or Contributions to the Knowledge of the Fauna and Flora of Mexico and Central America*. London: R.H. Porter and Dulau & Co., 1879-1887. [El volumen sobre aves está disponible en: http://catalog.hathitrust.org/Record/011679325].

79 Juan J. Ulloa, *Memoria de Fomento 1898*. San José: Tipografía Nacional.

80 Hilje Quirós, *Trópico agreste*, 568-571.

81 Luko Hilje Quirós, "Don Juanito Mora y el capitán Dow". *Revista Comunicación* 19, Edición Especial (2010): 85.

82 A.C.O. Asociación Costarricense de Orquideología, "La Cattleya dowiana". http://www.ticorquideas.com/articulo3.htm [1 enero de 2016].

83 American Museum of Natural History, "Hidden Collections: Lawrence and his friends: the dual nature of ornithology/The George Newbold Lawrence correspondence collection". www.images.library.amnh.org/hiddencollections/ tag/george-newbold-lawrence/ [1 de noviembre de 2012]; D.G. Elliott, "In memoriam: George Newbold Lawrence". *The Auk* XIII/1 (enero 1996): 1-10.

84 Citado en Francisco Durán, "En Alas de Antaño. Los primeros investigadores de la avifauna tica: Jean L. Cabanis". *Zeledonia* 3/2 (diciembre 1999).

85 Carriker, "History of the ornithology of Costa Rica", 362.

86 Charles A. Kofoid, "A little known ornithological journal and its editor, Adolphe Boucard, 1839-1904". *The Condor* XXV: (1922): 85.

87 Adolfo Boucard, "Aves colectadas en Costa Rica". *Anales del Instituto Físico-Geográfico y del Museo Nacional de Costa Rica,* Tomo III (1890). San José: Tip. Nac, 1892; Ronald Eduardo Díaz Bolaños y Flora Julieta Chaves, "Bibliografía de obras publicadas en el extranjero acerca de la República de Costa Rica durante el siglo XIX. (Pablo Biolley 1902)". *Diálogo, Revista Electrónica de Historia* 10/1 (feb-ago 2009): 185.

88 Adolfo Boucard, "Aves colectadas en Costa Rica", 142.

89 Kofoid, "A little known ornithological journal and its editor Adolphe Boucard, 1839-1904", 86.

90 *Ibid.*, 88. Para una exposición histórica del comercio de plumas para sombreros, vea: Thor Hanson, *Feathers, The evolution of a natural miracle.* New York: Basic Books, especialmente 175-194.

91 C. C. Nutting, "On a collection of birds from the Hacienda La Palma, Gulf of Nicoya, Costa Rica". *Proceedings of the United States National Museum* V (1882): 382-409. Contiene notas críticas por Robert Ridgway. Disponible en: si-pddr.si.edu/jspui/bitstream/10088/12481/1/USNMP-5_295_1882.pdf.

92 Biographical Note, Charles C. Nutting Papers: www.lib.uiowa.edu/speccoll/archives/guides/RG99.0194.html [11 de noviembre de 2012]; Dale R. Calder, "From birds to hydroids: Charles Cleveland Nutting (1858-1927) of the University of Iowa, USA". En: D. G. Fautin, *et al.*, eds., *Coelenterate Biology 2003: Trends in research on Cnidaria and Ctenophora.* Dordrecht, Holanda: Kluwer Academic Publishers, 2004. Disponible en: www.academia.edu/511534/From_birds_to_hydroids_Charles_Cleveland_Nutting_1858_1927_of_the_University_of_Iowa_USA; Carriker, "History of the ornithology of Costa Rica", 362.

93 Hialmar Rendahl, "Notes on a collection of birds from Panama, Costa Rica and Nicaragua", *Arkiv för Zoologi* 12/8 (1919): 1-36. Disponible en: http://www.ots.ac.cr/rdmcnfs/datasets/biblioteca/pdfs/nbina-11169.pdf

94 Charles W. Richmond, "Notes on a collection of birds from eastern Nicaragua and Rio Frio, Costa Rica". *Proceedings of the United States National Museum* XIV (1893): 479-532.

95 J. Gould, "Nine new birds, collected during the recent voyage of H.M.S. Sulphur". *Proceedings of the Zoological Society of London* (1843): 103-108; Richard Brinsley Hinds, ed. *The Zoology of the Voyage of H.M.S. Sulphur under the command of Captain Sir Edward Belcher, R.N., C.B., F.R.G.S., etc., during the years 1836-42*, Vol. 1. London: Smith, Elder and Company, 1844; vea: "Birds" de John Gould, 42 y 46. [Disponible en: http://archive.org/details/zoologyofvoyage01hind]. Capitán Belcher describe la escala en la Isla del Coco en: Edward Belcher, *Narrative of a Voyage Round the World, performed in her Majesty's Ship Sulphur during the years 1836-1842*, Vol 1. London: Henry Colburn, Publishers, 1843, 186-191. [Disponible en: http://archive.org/details/narrativeofvoyag01belc]. Vea: M. Montoya, "Notas históricas sobre la ornitología de la Isla del Coco, Costa Rica", 41.

96 Anastasio Alfaro, "Informe sobre viaje a la Isla del Coco". En: José Astúa

Aguilar, *Memoria de Fomento 1899*. San José: Tipografía Nacional, 161. [Disponible en el Archivo Nacional de Costa Rica: Congreso/2467].

97 Michel Montoya, "Notas históricas sobre la ornitología de la Isla del Coco, Costa Rica". Montoya recuenta con algún detalle estas expediciones y la literatura que produjeron. La información contenida en estos párrafos viene más que todo del artículo de Montoya.

98 Melbourne Carriker Jr., "History of the ornithology of Costa Rica", 375.

99 Sobre aspectos de la vida de Zeledón, vea: *Homenaje a Don José C. Zeledón*. San José: Imprenta y Librería Trejos Hermanos, 1924. Contiene 23 artículos y comentarios acerca de Zeledón. Vea: Hilje Quirós, *Trópico agreste*, donde se encuentra una amplia discusión sobre la relación entre Zeledón y von Frantzius y los arreglos para la estadía del primero en Washington, D.C.

100 J. C. Zeledón, "Catálogo de las aves de Costa Rica". En: León Fernández, *Colección de Documentos para la historia de Costa Rica*, II. San José: Imprenta Nacional, 1882, 445-483. Disponible en: http://archive.org/details/coleccindedocum07guargoog.

101 *Proceedings of the United States National Museum* VIII (1885): 104-118. Disponible en: http://www.biodiversitylibrary.org/item/52770#page/118/mode/1up.

102 *Anales del Museo Nacional de Costa Rica 1887*, I. San José: MNCR/Tip. Nacional, 1888, 103-135. Disponible en: www.sinabi.go.cr/Biblioteca Digital/Anales del Museo Nacional de Costa Rica.aspx.

103 Joaquín Bernardo Calvo, *Apuntamientos geográficos, estadísticas é históricas 1886*. San José: Imprenta Nacional, 1887, 59-91. Disponible en: http://www.sinabi.go.cr/Biblioteca%20Digital/LIBROS%20COMPLETOS/Calvo%20Joaquin%20Bernardo/Apuntamientos%20geograficos%20completo.pdf.

104 R. Ridgway, "In memoriam: José Cástulo Zeledón". *The Auk* XL (1923): 685.

105 Calvo, *Apuntamientos geográficos, estadísticos é históricos*, 61.

106 *Ibid.*, 59.

107 *Ibid.*, 65.

108 *Ibid.*, 67, 68, 80.

109 J.C. Zeledón, "Descripción de una especie nueva de ´gallina de monte´". *Anales del Instituto Físico-geográfico y del Museo Nacional, 1890*, Tomo III. San José: Tipografía Nacional, 1892, 134. Disponible en: http://www.sinabi.go.cr/Biblioteca Digital/Anales del Instituto Físico Geográfico Nacional.aspx.

110 Rafael Sobral Marcondes y Luis Fábio Silveira, "A taxonomic review of *Aramides cajanea* (Aves, Gruiformes, Rallidae) with notes on morphological variation in other species of the genus". *ZooKeys 500*: 111-140 (2015): 128-131.

111 *Proceedings of the United States National Museum* X (1887):1-2.Disponible en: http://www.biodiversitylibrary.org/item/32314#page/15/mode/1up.

112 *The Ibis*, ser. 5, II (enero 1884): 2, pl. 2.

113 Vea: R. Ridgway, "Notes on Costa Rican birds with descriptions of seven new species and subspecies and one new genus". *Proceedings of the United States National Museum* XI (1888): 537-546. En este artículo, Ridgway además nombra el nuevo género en honor de Zeledón. Disponible en: http://www.biodiversitylibrary.org/item/32566#page/673/mode/1up.

114 Ridgway, "In memoriam: José Cástulo Zeledón", 684.

115 Ridgway, "Un invierno con las aves de Costa Rica". ["A Winter with the birds of Costa Rica"].

116 Carriker, "History of ornithology in Costa Rica", 365.

117 Ridgway, "In memoriam: José Cástulo Zeledón", 688.

118 *Ibid.*; Daniel Lewis, *The feathery tribe. Robert Ridgway and the modern study of birds*. New Haven: Yale University Press, 2012, 45.

119 Lewis, *The feathery tribe*, 45.

120 Gabriel Quesada Avendaño, "Primera naturalista costarricense: Amparo López-Calleja". *Biocenosis* 24/1-2 (2011): 66-71. Hilje Quirós, *Trópico agreste*, 842, disputa la descripción pero reconoce los aportes de Amparo en apoyo de la historia natural en Costa Rica.

121 No hay documentación al respecto. Este dato se basa en la tradición oral de la familia Zeledón-López. Entrevista con Miguel Guzmán Stein, descendiente de la familia López Calleja.

122 Lewis, *The feathery tribe,* 56.

123 Anastasio Alfaro, "Don José C. Zeledón". *Revista de Costa Rica* IV/8 (agosto de 1923): 122-125; Luko Hilje, "José Cástulo Zeledón, de joven boticario a notable ornitólogo y empresario". *Estrategia 2050* 5 (2011): 26-27. Hilje Quirós, *Trópico agreste*, incluye amplia discusión sobre Zeledón.

124 Para una reseña biográfica de Alfaro, vea: Julián Monge-Nájera y Víctor Hugo Méndez Estrada, "Dos colosos de la biología costarricense del siglo XIX". En: Peraldo Huertas, *Ciencia y técnica en la Costa Rica del siglo XX*, 324-333.

125 Anastasio Alfaro, "A new owl from Costa Rica". *Proceedings of the Biological*

Society of Washington XVIII (17 octubre, 1905): 217-218. [Disponible en: http://www.biodiversitylibrary.org/item/22878#page/247/mode/1up].

126 George Cherrie describió algunas especies nuevas cuando laboraba por el MNCR como también Cecil Underwood. Fuera de las descripciones de Zeledón, Alfaro, Cherrie y Underwood, ninguna otra descripción científica de una nueva especie ha sido producida en Costa Rica. No obstante, en 2000 Gilbert Barrantes y Julio Sánchez describieron una nueva subespecie de *Phainoptila melanoxantha*.

127 Se pueden encontrar los artículos de Alfaro sobre aves en: http://www.sinabi.go.cr/exhibiciones/anastasio%20alfaro%20su%20aporte%20al%20desarrollo%20cientifico%20de%20costa%20ric/Ciencias%20naturales%20ornitologia.aspx.

128 A. Alfaro, "Aves migratorias". *Páginas Ilustradas* 2/73 (diciembre 1905): 1154-1155. [Disponible en: http://www.sinabi.go.cr/biblioteca%20digital/articulos/Alfaro%20Anastasio/Ciencias%20naturales/Aves%20migratorias.pdf].

129 Víctor Hugo Méndez Estrada y Julián Monge-Nájera, *Costa Rica: historia natural*. San José: EUNED, 2010, 207, 211.

130 Ridgway, "Un invierno con las aves en Costa Rica".

131 Lewis, *The feathery tribe*, 45.

132 En 1889, el Museo y el Instituto Meteorológico fueron consolidados en el Instituto Físico-Geográfico Nacional, bajo la dirección de Henri Pittier. El Museo quedó como una división del IFGN con Anastasio Alfaro como su director. La relación entre los dos hombres fue conflictiva. Durante los años siguientes la relación entre el MNCR y el IFGN también fue cambiante. Alfaro guardaba mucha autonomía para el Museo. Asimismo, el presupuesto del IFGN fue afectado por la crisis económica. En 1898, cuando Alfaro respondió al servicio militar, Pittier nuevamente incorporó el Museo como una división del IFGN. Finalmente, en 1904, Pittier renunció después de un conflicto con el gobierno sobre finanzas, y el año siguiente dejó el país definitivamente. Alfaro fue nombrado como el director del IFGN. A partir de 1910, el IFGN desaparece, y queda solamente el MNCR. Vea: Marshall C. Eakin, "The origins of modern science in Costa Rica: The Instituto Físico-Geográfico Nacional, 1887-1904". *Latin American Research Review* 34/1 (1999): 131-136.

133 Informe del Secretario del MNCR. *Anales del Museo Nacional 1887*, I, XXVII.

134 *Ibid*. Compró a Zeledón la colección por 1.500 pesos, "pagaderos por mensualidades de á cien". Vea: A. Alfaro, "Una adquisición preciosa para el Museo Nacional". *Costa Rica Ilustrada* 1/4 (agosto 1887): 61-62.

135 El Libro Registro está archivado en el Departamento de Protección del

Patrimonio Cultural del Museo Nacional de Costa Rica, I.G.B. 8438.

136 Informe del Secretario, XXVII.

137 Informe del Secretario, XXVIII.

138 Erika Gólcher, "Imperios y ferias mundiales: la época liberal". *Anuario de Estudios Centroamericanos* 24/1-2 (1998): 87. Sobre la participación costarricense en esta Exposición, vea 85-88.

139 Juan J. Ulloa, "Informe al Congreso Constitucional." *Memoria de Fomento 1898*. San José: Tipografía Nacional, xv; el reglamento, preparado por el entonces director Juan F. Ferráz, se encuentra entre páginas 201-214.

140 Hilje Quirós, *Trópico agreste*, 352-353, 589-593. Hilje indica *M. costaricensis* pero no existe especie con este nombre. Además debe ser referencia a una subespecie. Hilje no menciona la fuente de la información.

141 M. Carriker, "History of the ornithology of Costa Rica", 363.

142 Disponibles en: http://openlibrary.org/books/OL234222M/Exploraciones_zoológicas_efectuadas_en_la_parte_meridional_de_Costa_Rica; http://openlibrary.org/search?q=cherrie%2C+exploraciones+zool%C3%B3gicas+efectuadas+en+el+Valle+del+Rio+Naranjo+en+el+a%C3%B1o+1893.+aves [3 nov 2012].

143 *Exploraciones zoológicas efectuadas en el Valle del Río Naranjo en el año 1893. Aves*, 1.

144 "Notes on the habits and nesting of several birds at San José, Costa Rica". *The Auk* VII (1890): 233-237; "Notes on habitats and nesting of *Vireo flavovridis* (Cass.)". *The Auk* VII (1890): 329-331; "North American birds found at San José, Costa Rica, with notes on their migration". *The Auk* VII (1890): 331-337; "Description of a new *Ramphocelus* from Costa Rica". *The Auk* VIII (1891): 62-64; "Description of a supposed new *Myrmeciza*". *The Auk* VIII (1891):191-193; [En español vea: "Descripción de tres especies nuevas para la avifauna costarricense". *Anales del Instituto Físico-geográfico y del Museo Nacional, 1890*, Tomo III. San José: Tipografía Nacional, 1892, 135. Disponible en: http://www.sinabi.go.cr/Biblioteca Digital/Anales del Instituto Fisico Geografico Nacional.aspx]; "A preliminary list of the birds of San José, Costa Rica". *The Auk* VIII (1891): 279; "Notes on two Costa Rican birds". *The Auk* X (1893): 278-280; "An apparently new *Chordeiles* from Costa Rica". *The Auk* XIII (1896): 135-136. [Todos disponibles en: http://sora.unm.edu/]; "Notes on Costa Rican birds". *Proceedings of the United States National Museum* XIV (1891): 517-537. [Disponible en: http://www.ots.ac.cr/rdmcnfs/datasets/biblioteca/pdfs/nbina-11921.pdf]; "Description of new genera species, a sub-species of birds

from Costa Rica". *Proceedings of the United States National Museum* XIV (1891): 337-346; "Description of two apparently new flycatchers from Costa Rica". *Proceedings of the United States National Museum* XV (1892): 27-28; [Disponibles en: http://biostor.org/reference/78720; http//:biostor.org/reference/78724].

145 "Notes on habits and nesting of *Vireo flavoviridis (cass)*", 330-331.

146 "Notes on two Costa Rican birds," 278-279.

147 "Description of a new *Ramphocelus* from Costa Rica."

148 "North American birds found at San José, Costa Rica," 332.

149 Cherrie, *Dark Trails*, 59.

150 *Ibid.*, 134-135.

151 *Ibid.*, 17, 11.

152 T.S. Palmer, "George Kruck Cherrie". *The Auk* 68 (1951): 260-261; "George K. Cherrie (1865-1942 sic)". http://exhibitions.blogs.lib.lsu.edu/?p=5206&page=14#Cherrie. [31 de diciembre de 2015].

153 Carriker, "The history of the ornithology of Costa Rica", 364.

154 Bernal Rodríguez Herrera, "Los taxidermistas del Museo Nacional, su aporte a la zoología de Costa Rica". En: Peraldo Huertas, comp., *Ciencia y técnica en la Costa Rica del siglo XIX*, 359.

155 *Ibis* 2 ser. 7 (1896): 431-451. [Disponible en: http://archive.org/details/ibis721896brit].

156 Disponible en: archive.org/details/listarevisadacon00unde. [3 de noviembre de 2012].

157 *Ibid.*, 441-442.

158 F.G. Stiles y A.F. Skutch, *Guía de aves de Costa Rica,* tercera edición. Santo Domingo de Heredia, INBio, 2003,254.

159 Outram Bangs, "Notes on birds from Costa Rica and Chiriquí, with descriptions of new forms and new records for Costa Rica". *Proceedings of the Biological Society of Washington* 19 (1906): 101-112. [Disponible en: http://biostor.org/cache/pdf/91/27/c9/9127c91725a84e1b7e8ff1f3bc84857f.pdf].

160 Bernal Rodríguez Herrera, "Los taxidermistas del Museo Nacional", 357-358.

161 Museo Nacional de Costa Rica, "Ornitología". Museocostarica.go.cr/es_cr/zoología-a-2.html?Itemid=62; Gary Stiles, "Aves". En: D. H. Janzen, ed. *Historia natural de Costa Rica*. Trad. de Manuel Chavarría A. San José: Editorial de la Universidad de Costa Rica, 1993, 515.

162 Museo Nacional de Costa Rica, "Ornitología".

163 Víctor Hugo Méndez Estrada y Julián Monge-Nájera, *Costa Rica: historia natural*. San José: EUNED, 2010, 297.

164 M. A. Carriker Jr., "A brief resumé of the author´s collecting". *An annotated list of the birds of Costa Rica. Annales of the Carnegie Museum* VI (1910): 365-368; Smithsonian Institution Archives, "Carriker, Melbourne Armstrong, Jr. (1879-1965)". [SIA RUDO 7297. Siarchives.si.edu/collections/Siris_arc_Z17454]; Melbourne R. Carriker, *Vista Nieve. The remarkable, true adventures of an early twentieth-century naturalist and his family in Colombia, South America*. Rio Hondo, Texas: Blue Mantle Press, 2000.

165 En 1889, el zoólogo estadounidense C. Hart Merriam (1855-1942) desarrolló un concepto de "zona de vida" con base en similitudes de altura y temperatura con la consecuente similitud de comunidades de animales y plantas. El concepto tiene raíces en las ideas de Humboldt; luego, en 1947, Leslie Holdridge (1907-1999) planteó desde Costa Rica la teoría contemporánea de zonas de vida.

166 M. A. Carriker Jr., *An annotated list of the birds of Costa Rica, including the Cocos Island. Annales of the Carnegie Museum* VI (1910): 314-915. [Disponible en: http://www26.us.archive.org/stream/annalsofcarnegie0228carn#page/330/mode/2up].

167 *Ibid.*, 367.

168 Por ejemplo, Jonathan Dwight y Ludlow Griscom, "Descriptions of New Birds from Costa Rica". *American Museum Novitates* 142 (3 de noviembre de 1924): 1-5. [Disponible en: http://collections.nmnh.si.edu/search/birds/].

169 "Items relative to some Costa Rican birds". *The Auk* 37/4 (1920): 601-603; "Some records for Costa Rica". *The Auk* 49/4 (1932): 496-497; "Fruit-eating hummingbirds". *The Condor* 28 (1926): 243; "An account of the discovery of a rare bird in Costa Rica". *The Condor* 29/1 (1927): 73-74; "Rapid decomposition in some species of the genus Saltator". *The Condor* 29/1 (1927): 80; "The Waterthrush (*Seiurus noveboracensis*) the initial species in the autumnal migration through Costa Rica". *The Condor* 29/2 (1927): 118; "The Colombian Royal Flycatcher *(Onychorhynchus mexicanus fraterculus)* in the Caribbean water shed in Costa Rica". *The Condor* 29/2 (1927): 126; "A woodpecker destructive to cacao fruit". *The Condor* 29/3 (1927): 166-176; "Records for several species of birds rare or local within Costa Rica". *The Condor* 33/6 (1931): 249; "Notes on the Nestrobber Tyrant in Costa Rica". *The Condor* 34/5 (1932): 227-228; "Magpie-jay robs nest of Derby Flycatcher". *The Condor* 37/5 (1935): 259. [Todos son disponibles en: http://sora.unm.edu/].

170 Stanley D. Casto y Horace R. Burke, *Austin Paul Smith. The life of a natural history collector and horticulturist.* Seguin, Texas: Print Express, 2010, 28. Este es el único recurso completo sobre la vida de Smith. La información en estos párrafos viene de esta monografía. [Disponible en: Biblioteca OET: NBINA-14099. Biblioteca OET: AD 992].

171 J. F. Ferry, "Catalogue of a collection of birds from Costa Rica". Field Museum of Natural History Publication 146. *Ornithological Series* I/6 (septiembre 1910): 257-282. [Disponible en: http://www.ots.ac.cr/rdmcnfs/datasets/biblioteca/pdfs/nbina-8759.pdf]. A los 33 años, Ferry murió súbitamente de neumonía antes de publicar el artículo.

172 Lee S. Crandall, "Notes on Costa Rican Birds". *Zoologica* I/18 (septiembre 1914): 325-343.

173 Gerhard Aubrecht, "*Habia atrimaxillaris* (Dwight & Griscom) 1924—tangara hormiguera cabecinegra. Historia de una especie de ave endémica del Sudoeste de Costa Rica—desde su descubrimiento hasta su estatus de peligro". Stapfia 88, zugleich Katalloge der oberösterreichischen Landesmuseen. Neue Serie 80 (2008), 387.

174 *Ibid.*

175 *Ibid.*

176 Vea: R. H. May, "Colecciones de aves de Costa Rica". *Zeledonia* 20/1 (2016): 3-22. Los datos fueron recolectados mayormente de: www.vertnet.org, además de comunicaciones con funcionarios de los museos de historia natural.

177 Silvia E. Bolaños. Carta del 13 de enero de 2016.

178 Cherrie, "Description of a New Species of *Ramphocelus* from Costa Rica".

179 Cherrie, "Description of a Supposed new *Myrmeciza*"; "Descriptions of New Genera, Species, and Subspecies of Birds from Costa Rica"; "Description of Two Apparently New Flycatchers from Costa Rica."

180 Museo de Zoología de la Universidad de Costa Rica. Ornitología. http://museo.biologia.ucr.ac.cr/Colecciones/Ornitologia.htm [6 de enero de 2016].

181 Cherrie, "Descripción de tres especies nuevas para la avifauna costarricense".

182 Kristin Johnson, "Type-specimens of birds as sources for the history of ornithology". *Journal of the History of Collections* 17/2 (2005): 173-88.

183 Emily P. Smith. Tales Dead Birds Tell: The Historical and Cultural Context of the Biological Collections of Randolph College. 2012. Tesis de grado. Randolph College.

184 A. Goebel McDermott, "La naturaleza entre lo inmaculado, lo productivo y lo necesario. Hacia una ´historización´de los conceptos, prácticas y representaciones conservacionistas en los exploradores de la Costa Rica decimonónica". *Diálogos. Revista electrónica de Historia*. Número especial (2008):3-40. [Dsiponible en: http://historia.fcs.ucr.ac.cr/dialogos.htm].

185 P. Biolley, "Algunas consideraciones sobre la protección de las aves". *Boletín del Instituto Físico-geográfico de Costa Rica* II/17 (31 de mayo de 1902): 97-103.

186 Mario A. Boza, *Historia de la conservación de la naturaleza en Costa Rica 1754-2012*. Cartago: Editorial Tecnológica de Costa Rica, 2015, 55.

187 *Ibid*.

188 *Ibid*., 61.

189 Ley 7. *Colección de leyes y decretos*. San José: Imprenta Nacional, 1918, 435-437. Citado en *Ibid*., 62.

190 Boza, *Historia de la conservación*, 62.

191 A. F. Skutch, *Life histories of Central American Birds*. Berkeley, California: Cooper Ornithological Society, Pacific Coast Avifauna 31, 1954; *Life histories of Central American Birds* II. Berkeley, California: Cooper Ornithologcial Society, 1960; *Life histories of Central American Birds* III. Berkeley, California: Cooper Ornithological Society, Pacific Coast Avifauna 35, 1969. [Disponibles en: http://sora.unm.edu/.]

192 Julio Sánchez y Leonardo Chaves, "El ornitólogo". En: R. H. May, ed., *Alexander F. Skutch, ornitólogo, naturalista, filósofo*. San José: AOCR, 2011, 36-37.

193 A.F. Skutch, "Clutch size, nesting success, and predation on nests of Neotropical birds". En: P.A. Buckley, Mercedes S. Foster, Eugene S. Morton, Robert S. Ridgeley y Francine G. Buckley, eds., *Neotropical Ornithology*. Ornithological Monographs 36. Washington, D.C.: American Ornithologists´ Union, 1985, 575.

194 A.F. Skutch, *Un naturalista en Costa Rica*. Santo Domingo de Heredia: INBio y CCT, 2001, 419.

195 *Ibid*.

196 San José: Editorial Costa Rica, 1977. Sexta edición 2014, actualizada y corregida con nuevas fotos a colores.

197 R. H. May, "La armonización: la idea de lo Divino". En: R. H. May, ed., *Alexander F. Skutch*, 61-68.

198 F. G. Stiles, "Aves". En: D.H. Janzen, ed., *Historia Natural de Costa Rica*. San

José: Editorial de la Universidad de Costa Rica, 1991, 515.

199 Skutch relata su "conversión" a las aves en: A. F. Skutch, *The Imperative Call. A naturalist's quest in temperate and tropical America*. Gainesville, Florida: University Press of Florida, 1992, capítulo 7.

200 "Smithsonian bird expert Paul Slud, 87". *The Washington Post* (6 marzo 2006). [http://www.washingtonpost.com/wp-dyn/content/article/2006/03/05/AR2006030501098_pf.html].

201 Richard L. Zusi, "In memoriam: Paul Slud, 1919-2006". *The Auk* 123/4 (2006): 1196-1197.

202 P. Slud, *The Birds of Finca "La Selva," Costa Rica: A Tropical Wet Forest Locality. Bulletin of the American Museum of Natural History* 121/2 (1960): 55-148. [Disponible en: http://digitallibrary.amnh.org/dspace/handle/2246/1242].

20 P. Slud, *The Birds of Costa Rica, distribution and ecology. Bulletin of the American Museum of Natural History* 128 (1964): 1-430. [Disponible en: http://www.ots.ac.cr/rdmcnfs/datasets/biblioteca/pdfs/nbina-3687.pdf].

204 P. Slud, *Birds of the Cocos Island, Costa Rica. Bulletin of the American Museum of Natural History* 134/4 (1967): 261-296. [Disponible en: http://www.ots.ac.cr/rdmcnfs/datasets/biblioteca/pdfs/nbina-3688.pdf].

205 P. Slud, *The Birds of Hacienda Palo Verde, Guanacaste, Costa Rica*. Smithsonian Contributions to Zoology. Washington: Smithsonian Institution Press, 1980. [Disponible en: http://www.ots.ac.cr/rdmcnfs/datasets/biblioteca/pdfs/nbina-14422.pdf].

206 Slud, *The Birds of Finca La selva*, 56.

207 Obando, "Cronología-152 años construyendo una lista de la avifauna de Costa Rica, 57.

208 Slud, *The birds of Costa Rica*, 22.

209 Montoya, "Notas históricas sobre la ornitología de la Isla del Coco, Costa Rica."

210 Alexander Wetmore, "A collection of birds from northern Costa Rica". *Proceedings of the United States Museum* 93 (1944): 25-50.

211 Agencia de Noticias, "Profesor Gary Stiles, una vida dedicada a las aves". 22 marzo 2012. http://agenciadenoticias.unal.edu.co/detalle/article/profesor-gary-stiles-una-vida-dedicada-a-las-aves/index.html [31 de diciembre de 2015].

212 F.G. Stiles, *La ornitología, un folleto de enseñanza*. Ciudad Universitaria Rodrigo Facio: Escuela de Biología de la Universidad de Costa Rica, 1978.

213 J. Lewis y F. G. Stiles, "Locational checklist of the birds of Costa Rica". San José: Costa Rican Expeditions, 1980.

214 Daniel H. Janzen, ed., *Historia Natural de Costa Rica*. San José: Editorial de la Universidad de Costa Rica, 1991. Esta obra fue publicada en inglés en 1983.

215 Siles, "Aves". En Janzen, *Historia natural de Costa Rica*, 515.

216 F. G. Stiles y A.F. Skutch, *Guía de aves de Costa Rica*. Trad. de Loreta Roselli. Santo Domingo de Heredia: INBio, 1995. [*Guide to the birds of Costa Rica*. Ithaca, New York: Cornell University Press, 1989].

217 Carta de Ghisselle Alvarado, 29 de octubre de 2012.

218 Boza, *Historia de la conservación*, 152-160. La información sobre el Proyecto de Ecología de Aves Acuáticas está en p. 153.

219 Javier Guevara Sequeira, comp., *Refugios Nacionales de Fauna Silvestre*. San José: Dirección General de Vida Silvestre, Ministerio de Recursos Naturales, Energía y Minas, 1986.

220 J.E. Sánchez y D. Hernández, "El nido y huevos del *Acanthidops bairdii* (Emberizidae). *Brenesia* 34 (1991): 155-157; J. E. Sánchez, R. S. Mulvihill y T. L. Master, "First description of the nests and eggs of the Green-crowned Brilliant (*Heliodoxa jacula*), with behavioral notes". *Ornitología Neotropical* 11 (2000): 189-196.

221 Francisco Durán, "Julio E. Sánchez (1945-2013), una vida por las aves". *Brenesia* 80 (2013): 1-3.

222 E. Enkerlin-Hoeflich y F. Vuilleumier, "VIth Neotropical Ornithological Congress". *Ornitología Neotropical* 11/1 (2000): 87.

223 *La Tangara*, Boletín del Grupo de Compañeros en Vuelo 10 (septiembre-octubre 1996).

224 Gilbert Barrantes-Montero, "Ecology and evolution of *Phainoptila melanoxantha* (Bombycillidae, Aves) in the highlands of Costa Rica and Western Panamá. Tesis doctoral. University of Missouri, St Louis, 2000.

225 Carta de Henry Kantrowitz, 1 de noviembre de 2012.

226 Carta de Richard Holland, 25 de octubre de 2012.

227 San José: Trejos Hermanos Sucesores, S.A., sin fecha. Fue traducido al inglés por Jorge E. González Duarte y Delma González Durarte.

228 Boza, *Historia de la conservación*, 158-162.

229 Rodríguez-Herrera, Wilson, Fernández y Pineda, "La mastozoología en

Costa Rica," 96.

230 V. Nielsen-Muñoz, A.B. Azofeifa-Mora y J. Monge-Nájera, "Bibliometry of Costa Rican biodiversity studies published in the *Revista de Biología Tropical/ International Journal of Tropical Biodiversity and Conservation* (2000-2010): the context and importance of a leading tropical biology journal in its 60th anniversary". *Revista de Biología Tropical* 60/4 (diciembre 2012), 1411. Vea también: J. Monge-Nájera y V. Nielsen, "The countries and languages that dominate biological research at the beginning of the 21st century". *Revista de Biología Tropical* 53/1-2 (marzo-junio 2005): 283-294.

231 La cuestión de la colonialidad de la ciencia, es decir, las asimetrías de poder entre Norte-Sur, como otras dimensiones de la vida latinoamericana, se presenta cada vez más en la agenda del pensamiento crítico. Para el artículo clásico al respecto vea: Aníbal Quijano, "Colonialidad del poder, eurocentrismo y América Latina". En: Edgardo Lander, comp., *La colonialidad del saber: eurocentrismo y ciencias sociales. Perspectivas latinoamericanas*. Buenos Aires: CLACSO, 1993, 201-246. Una buena introducción a la colonialidad es: Walter Mignolo, *Desobediencia epistémica: retórica de la modernidad, lógica de la colonialidad y gramática de la descolonialidad*. Buenos Aires: Ediciones del Signo, 2010. Desde Costa Rica, filósofos del Instituto Tecnológico se interesan por el tema; vea: Fabrizio Fallas Vargas, "El tríptico de la técnica, la ciencia y la tecnología: una mirada dialéctica desde la crítica de la colonialidad" y Roxana Reyes, "Colonialidad y tecnociencia." En: Fabrizio Fallas Vargas, comp., *Introducción a la Técnica, la Ciencia y la Tecnología: Modelos de Intervención*, segunda edición. Cartago: Editorial Tecnológica de Costa, 2013, 19-43 y 215-230. Además, vea: Guaria Cárdenas Sandí, "¿Qué hay detrás del quehacer científico? Un acercamiento filosófico." En: Peraldo Huertas, ed., *Ciencia y técnica en la Costa Rica del Siglo XIX*, 27-35. Para el estudio de caso de Colombia, vea: Camilo Quintero Toro, "La ciencia norteamericana se vuelve global: el Museo Americano de Historia Natural en Colombia". *Revista de Estudios Sociales* 31 (diciembre 2008): 48-59.

232 Johel Chaves-Campos, Benefits of cooperative food search in the maintenance of group living in ocellated antbirds. Tesis doctoral. Purdue University, West Lafayette, Indiana, 2008. Se realizó la investigación en la Estación Biológica La Selva de Sarapiquí.

233 Viviana Ruiz-Gutiérrez, Responses of bird populations to habitat loss and fragmentation: occupancy and population dynamics of tropical forest birds in Costa Rica. Tesis doctoral. Cornell University, Ithaca, Nueva York, 2009. Se hizo la investigación en la Estación Biológica Las Cruces de San Vito.

234 Gilbert Barrantes y Julio E. Sánchez, "A new subspecies of Black and Yellow

Silky Flycatcher, *Phainoptila melanoxantha*, from Costa Rica." *Bulletin of The British Ornithological Club* 120/1 (2000): 40-46.

235 Avibase. Black-and-yellow Silky-flycatcher (parkeri). http://avibase.bsc-eoc.org/species.jsp?avibaseid=02C0D5282709A2D7. También vea: Global Biodiversity Information Facility. *Phainoptila melanoxantha parkeri.* Gbif.org/species/6094078.

236 Gilbert Barrantes y Bette A. Loiselle, Reproduction, habitat use, and natural history of the Black-and-Yellow Silky Flycatcher (*Phainoptila melanoxantha*), an endemic bird of the western Panama-Costa Rican highlands. *Ornitología Neotropical* 13: 121-136, 2002.

237 Gilbert Barrantes, "Aves de los páramos de Costa Rica". En: Maarten Kappelle y Sally P. Horn, eds., *Páramos de Costa Rica*. Santo Domingo de Heredia: Editorial INBio, 2005.

238 *Ibid.*, 531.

239 Gilbert Barrantes y Julio E. Sánchez, "Geographical distribution, ecology, and conservation status of Costa Rican dry-forest avifauna." En: Gordon W. Frankie, Alfonso Mata y S. Bradleigh Vinson, eds., *Biodiversity conservation in Costa Rica. Lessons in a seasonal dry forest.* Berkeley: University of California Press, 2004, 147-159.

240 Ghisselle Alvarado, "Conservación de las aves acuáticas de Costa Rica". *Brenesia* 66 (2006): 49-68.

241 Julio E. Sánchez, Gilbert Barrantes y Francisco Durán, "Distribución, ecología y conservación de la avifauna de la cuenca del río Savegre, Costa Rica". *Brenesia* 61 (2004): 63-93; J. E. Sánchez, "La Cuenca del río Savegre, un corredor biológico". *Zeledonia* 7/1 (junio 2003): 3,40

242 Debra Hamilton, Víctor Molina, Pedro Bosques y George V.N. Powell, "El status del Pájaro Campana (*Procnias tricarunculata*): un ave en peligro de extinción". *Zeledonia* 7/1: 4, 15-24, 2003.

243 George V. N. Powell y Robin D. Bjork, "Habitat linkages and the conservation of tropical biodiversity as indicated by seasonal migrations of Three-wattled Bellbirds". *Conservation Biology* 18:500-509, 2004.

244 Don Stap, *Birdsong, a Natural History.* Nueva York: Oxford University Press, 2005, 159-191, 200-244.

245 Vinodkumar Saranathan, Deborah [Debra] Hamilton, George V. N. Powell, Donald Kroodsma y Richard O. Prum, "Genetic evidence supports song learning in the three-wattled bellbird *Procnias tricarunculata* (Cotingidae)". *Molecular*

Ecology 2007: 1-14.

246 Donald Kroodsma, Debra Hamilton, Julio Sánchez, Bruce E. Byers, Hernán Fandiño-Mariño, David W. Stemple, Jill M. Trainer y George V. N. Powell, "Behavioral Evidence for Song Learning in the Suboscine Bellbirds (*Procnias* spp.; Cotingidae)". *The Wilson Journal of Ornithology* 125/1 (2013): 1-14.

247 Olivier Chassot, Guisselle Monge, George Powell, *Biología de la conservación de la lapa verde (1994-2006), 12 años de experiencia*. San Pedro Montes de Oca: Centro Científico Tropical, 2006.

248 Boza, *Historia de la conservación*, 637-640.

249 LAPPA, La Asociación para la Protección de Psittacidos. www.lappacr.cr [19 de noviembre de 2012]; Christopher Vaughan, "Estrategias de conservación de la lapa roja (*Ara macao*) en el Pacífico Central de Costa Rica". *Estudios ecológicos del INBio*. http://www.inbio.ac.cr/es/estudios/te_relac_laparoja.htm [28 de diciembre de 2015]; ACAN EFE, "Nidos artificiales permiten recuperar la población de lapas rojas". *La Nación* (25 de diciembre de 2015). http://www.nacion.com/vivir/ambiente/Costa-Rica-impulsa-proteccion-artificiales_0_1532246830.html [28 de diciembre de 2015].

250 The Ara Project. www.thearaproject.org [28 de diciembre de 2015]; Pablo Fonseca, "Las lapas son su pasión". *Revista Dominical* (7 de noviembre de 2004). http://wvw.nacion.com/dominical/2004/noviembre/07/dominical8.html [28 de diciembre de 2015]; Boza, *Historia de la conservación*, 634.

251 Minaet/Sinac/Área de Conservación Tempisque, "Estrategia para la conservación del *Jabiru mycteria* en Costa Rica", 25 julio de 2007. Policopiado; Boza, *Historia de la conservación*, 675.

252 J. E. Sánchez, et. al., "Costa Rica". En: C. Devenish, et. al., eds., *Important Bird Areas Americas, Priority sites for biodiversity conservation*. Quito: Birdlife International (BirdLife Conservation Series No. 16), 2009.

253 A. Solano Ugalde, C. J. Ralph, P. A. Herrera, "El Programa Integrado de Monitoreo de Aves de Tortuguero (PIMAT): más de 10 años en el estudio de conservación de aves migratorias y residentes neotropicales". *Zeledonia* 9/22 (noviembre 2005): 76-82.

254 www.kekoldicr.com/kekoldi-hawkwatch [26 de octubre de 2012].

255 San Vito Bird Club. http://sanvitobirdclub.org [19 de noviembre de 2012].

256 Costa Rican Bird Observatories. www.costaricabird.org [26 de octubre de 2012].

257 Osa Birds, Research and Conservation. www.osabirds.org [28 de diciembre

de 2015].

258 Conteo de navidad 2003. *Zeledonia* Número Especial (2004).

259 R. H. May, "Presentación". *Zeledonia* Número Especial (2004).

260 G. Alvarado, carta de 29 octubre de 2012.

261 Traducción de Christina Feeny; ilus. de Fernando Zeledón. Santo Domingo de Heredia: INBio, 2002.

262 Madrid y San José: Ediciones San Marcos S.L. e Incafo Costa Rica, S.A., 2003.

263 San José: Ediciones Jadine, 2005.

264 Ithaca, Nueva York: Zona Tropical, 2007; segunda edición 2014.

265 *Ibid.*, xxiii.

266 San José: EUNED, 2011.

267 Bird Life International, "The International Council for Bird Preservation (ICBP), the organization which grew into the BirdLife Partnership, was founded 90 years ago this June". *World Birdwatch* (junio 2012): 28; Werner Müller, "90". *World Birdwatch*, special anniversary issue (diciembre 2012): 13-21. Vea también: Mark V. Barrow Jr., *Nature´s Ghosts. Confronting Extinction from the Age of Jefferson to the Age of Ecology*. Chicago: University of Chicago Press, 2009, 142-143.

268 Archivo de recortes de Francisco Durán; Archivo de recortes de la AOCR.

269 Esta se basa en entrevistas o "historia oral"; además, David C. Wege, jefe, programa del Caribe de Birdlife International, carta del 26 de octubre de 2012.

270 Gilbert Barrantes, Daniel Hernández y Michael McCoy, comité editorial, I Congreso de Ornitología de Costa Rica, Resúmenes. Consejo Internacional para la Preservación de las Aves (CIPA), Museo Nacional de Costa Rica (MNCR), Programa Regional de Manejo de Vida Silvestre para Mesoamérica y el Caribe (PRMVS-UNA), 1993. [BIODOC 598.291.728.C749 Biblioteca Especializada de la Facultad de Ciencias de la Tierra y el Mar, Universidad Nacional, Heredia].

271 Según Julio Sánchez, la idea y el esfuerzo para organizar la Asociación fueron compartidos "mitad-mitad" entre él y Carbonell. (Com. pers. del 5 de octubre de 2012). Carbonell dejó Costa Rica poco después.

272 *Joint Meeting American Birding Association and Association of Field Ornithologists 75th Annual Meeting*. San José, Costa Rica, July 21-27, 1997.

273 Acta 1, 1997 y Acta 2, 1997 (copias mecanografiadas).

274 Las primeras boletas de membresía que están en el archivo de la AOCR

tienen fecha de 1997, aunque la AOCR fue fundada en 1993. Aun miembros fundadores, como Julio Sánchez, están registrados como miembros solamente a partir de 1997; algunos socios fundadores, como Alexander Skutch, no están registrados con boleta (de 1997) y quedaron fuera de la lista de miembros. Esto se corrigió en el 2013, cuando la lista de miembros fue corregida y actualizada. El libro de miembros original no existe y fue repuesto en el 2002. Mi hipótesis es que hasta 1997 no se mantenía el registro formal de miembros, pero la coyuntura de la reunión de la ABA y la AFO con la AOCR como organizadora, exigía un ordenamiento adecuado de los aspectos administrativos de la Asociación. Es notable que varias personas estadounidenses, que asistieron a la reunión y que tenían compromisos ornitológicos en Costa Rica, como Donald Kroodsman, Gary Stiles, Dana Gardner y Victor Emanuel, llenaron boletas de membresía y fueron incorporadas a la AOCR. Esto sugiere que el archivo de boletas de membresía data de la reunión de la ABA y la AFO.

275 Acta 5, 1997 (copia mecanografiada).

276 Acta 3, 1997 (copia mecanografiada).

277 *Joint Meeting*; Acta 4 1997 (copia mecanografiada). La AOCR sigue utilizando los binoculares; han sido limpiados y rehabilitados, pero más de 20 ya no sirven. No se sabe el paradero de los telescopios. (El telescopio actual que tiene la AOCR fue donado por Swarovski como patrocinio de la lista de aves o "checklist" de 1998 [Acta 8, 1998]).

278 *Joint Meeting*.

279 CRT Destination Marketing and Management Services: http://www.costaricaincentives.com/costa-rica-incentives-crt-clients.html. [28 de octubre de 2015].

280 *Scientific Program for the Joint Meeting of The Association of Field Ornithologists, The American Birding Association and The Asociación Ornitológica de Costa Rica. San José, Costa Rica.* Schedule and Abstracts, 23-24 July, 1997. 75th Annual Meeting.

281 *Joint Meeting*.

282 E.C. Enkerlin-Hoeflich y F. Vuilleumier, VIth Neotropical Ornthological Congress. *Ornitología neotropical* 11 (2000): 87-92.

283 Acta 3, 1997 y Acta 4, 1997 (copias mecanografiadas).

284 Acta 5, 1998 (copia mecanografiada).

285 R. Delgado, R.G. Campos y J.E. Sánchez, *Lista de aves de Costa Rica/Checklist of Costa Rican Birds*. San José: Asociación Ornitológica de Costa Rica, 1998.

286 G. Barrantes, J. Chaves-Campos, J. E. Sánchez, *Lista oficial de las aves de Costa Rica: comentarios sobre su estado de conservación*. Zeledonia, Boletín Especial (agosto 2002).

287 Budney, G.F. y R. W. Grotke. s/f. *Técnicas para la grabación de las vocalizaciones de las aves tropicales*. [*Techniques for Audio Recording Vocalizations of Tropical Birds*. Ithaca, Nueva York: Biblioteca de Sonidos Naturales, Laboratorio de Ornitología de Cornell]. Trad. de María Emilia Chaves.

288 Acta 9, 1998 (copia mecanografiada).

289 Informe de Julio Sánchez a la Asamblea Anual 1998.

290 Acta 3, 1997 (copia mecanografiada).

291 Informe del presidente, Asamblea Ordinaria de la ACOR de 2003.

292 Carta a los miembros de la AOCR de M. Ossenbach, 26 de julio de 2004. El año anterior, Ossenbach había manifestado: "Queremos darle una nueva orientación a la AOCR, ante todo llevándola al campo de la investigación y de la orientación de las políticas oficiales de conservación." Carta a Rosabel Miro, Sociedad Audubon de Panamá, sin fecha (¿agosto 2003?).

293 *Ibid*.

294 Carta de M. Ossenbach a Carlos Manuel Rodríguez Echandi, Ministro de Ambiente y Energía, 5 julio 2004.

295 Carta de R. May a Oscar Arias, Presidente de la República, y Roberto Dobles, Ministro de MINAET, 31 octubre 2008.

296 Contrato de Servicios Profesionales, 28 de noviembre de 2003.

297 Inicialmente la comunicación con BirdLife Internacional fue infructuosa pero después de que Roy May, miembro de la junta directiva, pero a título personal como donante de BirdLife Internacional, se quejara a BirdLife Internacional que nadie respondía a la correspondencia, la comunicación comenzó con fluidez, no solamente sobre AICAS, sino en cuanto a cómo incorporar la AOCR a la red de Birdlife Internacional.

298 Carta de M. Ossenbach a Michael Rands, 28 de octubre de 2003; Carta de Juan Criado a Michael Rands y otros de BirdLife Internacional, 13 de abril de 2004.

299 Carta a M. Ossenbach de M. Rands, 20 de octubre de 2003.

300 *Ibid*.

301 R. H. May y C. Sánchez, "Proyecto AICAS Costa Rica". *Zeledonia* 7/2 (noviembre 2003): 38-39.

302 Informe: "I Taller sobre Áreas Importantes para la Conservación de las Aves en Costa Rica", 9 de agosto de 2003, Tres Ríos, Costa Rica.

303 Acta 14, 2001.

304 Vea: M. Ossenbach, "Breve reseña histórica del programa de áreas importantes para la conservación de las aves (AICAS) en Costa Rica", 30 de agosto de 2004.

305 Acta 16, 2004.

306 Acta 18, 2004; Acta 19, 2004.

307 Carta del comité científico a la junta directiva de la AOCR, 1 de octubre de 2004.

308 *Ibid.*

309 Acta 20, 2004.

310 Vea: Diego Baudrit Carrillo, Informe del Fiscal, 2004-2005, Asamblea Ordinaria de 2005.

311 Declaración escrita de M. Ossenbach, "Ante Miembros de la Junta Directiva", 12 de octubre de 2004.

312 Carta del comité científico a la junta directiva de la AOCR, 1 de octubre de 2004.

313 El financiamiento de BirdLife Internacional no otorgó a la Unión de Ornitólogos de Costa Rica representación alguna ante BirdLife. (Com. per. de Rob Clay en 2005 y 2013). Hasta ahora BirdLife Internacional no tiene socios en Costa Rica. En verdad, ni la UOCR ni la AOCR reúnen los requisitos institucionales para ser socios.

314 Willy Alfaro, Informe de la Presidencia 2005-2006, Asamblea Ordinaria, mayo de 2006.

315 Paula Calderón y Roy H. May, eds., *Conozca las aves. Introducción a la ornitología.* San José: AOCR, 2011.

316 Roy H. May, ed., *Alexander F. Skutch, ornitólogo, naturalista, filósofo.* San José: AOCR, 2011.

317 Vea: Informe del Presidente a la Asamblea Ordinaria de 2007, 2008, 2009, 2010, 2011.

318 R. May y O. Ramírez, "Carta Abierta a la Comunidad Ornitológica de Costa Rica: *Lista Oficial de las Aves de Costa Rica*", 27 de febrero de 2012. Vea también: G. Obando, "Cronología—152 años construyendo una lista de la avifauna de

Costa Rica". *Zeledonia* 16/2 (noviembre 2012): 48-69.

319 Carta de Alejandra Martínez al comité editorial y la junta directiva, 5 de octubre de 2015.

320 Gilbert Barrantes, "Editorial". *Zeledonia* 2/1 (agosto 1998): 1.

www.ingramcontent.com/pod-product-compliance
Lightning Source LLC
Chambersburg PA
CBHW070240190526
45169CB00001B/239